KB043224

살고 싶은 그곳, 흥미로운
대구 여행

살고 싶은 그곳, 흥미로운
대구 여행

초판 1쇄 발행 **2014년 11월 30일**

지은이 **전영권**

펴낸이 **김선기**
펴낸곳 **(주)푸른길**
출판등록 **1996년 4월 12일 제16-1292호**
주소 **(152-847) 서울시 구로구 디지털로 33길 48 대륭포스트타워 7차 1008호**
전화 **02-523-2907, 6942-9570~2**
팩스 **02-523-2951**
이메일 **purungilbook@naver.com**
홈페이지 **www.purungil.co.kr**

ISBN **978-89-6291-265-4 03980**

- 이 책은 대구경북연구원의 지원을 받아 집필되었습니다.

*이 도서의 국립중앙도서관 출판시도서목록(CIP)은 서지정보유통지원시스템 홈페이지(http://seoji.nl.go.kr)와 국가자료공동목록시스템(http://www.nl.go.kr/kolisnet)에서 이용하실 수 있습니다.(CIP제어번호 : CIP2014034428)

지리학자가 바라본 내 고향 이야기

살고 싶은 그곳, 흥미로운
대구 여행

전영권 지음

푸른길

살고 싶은 그곳, 대구!
흥미로운 대구 여행

'나는 대구에서 태어났고 현재도 대구에서 살고 있으며 앞으로도 평생을 대구에서 살아갈 생각이다.' 이것은 어릴 때부터 나의 가슴속에 간직해 온 하나의 신념이나 다름없다. 필자가 이러한 신념을 가지게 된 것은 내가 태어났고 나를 길러 준 부모님이 이곳에서 평생을 나와 함께한 것이 가장 큰 이유이다. 나에 대한 부모님의 사랑이 나를 이렇게 만들었다. 가끔 돌아가신 부모님을 떠올릴 때가 있다. 그럴 때마다 내가 살고 있는 대구는 부모님의 모습으로 다가왔다. 가족은 물론 정겨운 친구들과 함께한 대구의 구석구석은 그들의 사랑이 온전히 스며 있는 곳이기도 하다. 아련한 어린 시절의 추억에서부터 지금의 나를 있게 해 준 대구까지, 이 모두가 나로 하여금 대구라는 도시를 사랑하게 한 원동력인 것이다. 그리고 필자의 신념과도 같은 이러한 생각은 대구에 대한 이야기를 보다 체계적으로 공부하게 만드는 계기가 되었다.

2003년 지역의 작은 출판사를 통해 발간한 『이야기와 함께하는 전영권의 대구지리』 이후 10여 년이 지난 지금에서야 다시 대구의 이야기를 들려주게 되어 감개무량하다. 당시 서울의 큰 출판사에 책 출간을 의뢰하면 좋을 것이라는 충고를 여러 사람한테 들었으나 필자는 그렇게 하지 않았다. 굳이 대구의 이야기를 서울에서 펴내고 싶지 않았기 때문이다. 비록 지역에서 출간된 책이었음에도 불구하고 많은 사람들이 관심을 가져 주어 길지 않은 시간에 수천 권의 책이 모두 판매되었다. 참으로 고맙고 대구에 대한 사랑을 깊이 느끼는 순간이기도 했다.

  서두에서도 말했듯이 대구는 내가 태어났고 평생을 살아갈 곳인지라, 대구 출신이 아닌 사람들로부터 대구에 대한 오해나 편견을 들을 때면 언제나 '살고 싶은 대구'를 가감 없이 말해 주곤 한다. 혹자는 대구의 정신에 대해 폄훼하는 발언도 서슴지 않는 경우가 더러 있다. 예를 들면, 대구는 '수구보수 꼴통의 도시', '외지인이 들어와 살기 힘든 배타적인 도시', '영화 배트맨에 나오는 별로 상쾌하지 않은 고담도시' 등으로 비유하기도 한다. 대구에 대한 이런 부정적인 시각에 대해 나는 이렇게 말해 주고 싶다. 지금으로부터 약 4만 년 전 후기 구석기시대, 인류가 거주하기 시작하면서부터 인간의 삶터로서 지속되어 온 대구가 오늘날 인구 250만 명이라는 거대도시를 형성했다. 살고 싶지 않은 곳에 이렇게 많은 인구가 살 수 있었을까?

  신라 31대 신문왕 때에는 신라의 수도를 경주에서 달구벌(대구)로 천도할 계획이 있었고, 고려시대 현종 때는 합천 해인사에 보관되어 있는 팔만대장경보다 200년가량 앞서 제작을 발원한 호국의 초조대장경이 팔공산 부인사에 보관되기도 했다. 조선시대 임진왜란 때는 승병 총사령관인 사명대사가 팔공산 동화사에 주둔하면서 승병사령부를 지휘한 곳이기도 하다. 임진왜란 당시 조선을 도우러 명나라 장군 이여송과 함께 온 두사충 장군이 대구가 좋아 이곳에 둥지를 튼 이래 지금까지 많은 그의 후손들이 살아가고 있다. 또한 임진왜란 때 가토 기요마사(加藤淸正) 휘하 부대 좌선봉장이었던 사야가(沙也可 혹은 沙也加, 김충선)가 아름답고 인심 좋은 대구에 반해 터전을 잡고 살아온 곳이다. 조선시대 성리학의 거두 한강 정구 선생을 비롯해 많은 사람들이 강학을 하고 충효를 다짐하고 동기간 의리를 지키며 살아온 곳 또한 대구이다. 1601년에는 경상도의 중심인 경상감영이 경주, 상주, 안동을 거쳐 대구로 옮겨 와 대구는 명실상부 영남 최고의 지역으로 자리매김하였다. 1907년(융희 1) 서상돈 등의 제안으로 일본에서 도입한 차관 1,300만 원의 채무를 민족의 힘으로 갚아 주권을 회복하고자 결의했던 국채보상운동의 발상지도 대구이다. 1950년 동족상잔의 비극으로 국토가 유린되어 백척간두의 위기에서 대한민국을 지켜낸 낙동강 방어선이 구축된 곳도 대구이다. 4·19혁명의 도화선이 된 2·28민주학생의거가 일어난 곳도 대구이다. 대구의 정체성이 이럴진대 대구를 폄훼하려는 사람들은 그 누구인가?

아마도 대구가 너무 잘나가는 도시이기 때문에 비롯된 일일 것이다. 흔히 한 지역을 평가한다는 것은 그 지역에 대한 종합적인 지식이나 정보를 가졌을 때 가능할 것이다. 인터넷에 떠도는 품위 없는 정보를 바탕으로 한 지역을 평가하는 것은 올바른 일이 아니다. 더군다나 지역 정서에 기대어 정치의 꿈을 꾸는 철새 정치인들의 입에 오르내리는 지역감정적인 말에 솔깃해 믿어서는 안 된다.

대구는 인구 250만 명의 대도시이면서도 1,000m가 넘는 팔공산과 비슬산으로 둘러싸여 있어 마음만 먹으면 언제든지 가 볼 수 있다. 이런 천혜의 자연환경을 갖춘 대도시는 대구 말고는 세계 그 어디에도 없다. 모름지기 대구는 최고의 인문적·자연적 자산을 지닌 곳이라 할 수 있다.

필자는 이런 대구를 제대로 알리고 바르게 이해할 수 있도록 하기 위해 올해 대구경북연구원에서 주관하는 '2014년 단행본 집필 지원 공모'에 지원하였다. 총 99편이 지원하여 최종적으로 13편이 선정된 본 사업에 필자가 지원한 집필 계획이 선정되었다. 필자에게 평소 구상해 왔던 대구의 이야기를 출간할 수 있도록 지원해 준 대구경북연구원과 출판을 흔쾌히 허락해 준 (주)푸른길 김선기 사장님께 감사의 뜻을 전하고 싶다. 아울러 이 책이 출판되기까지 필자는 분에 넘치는 사랑을 받아 왔다. 무한한 사랑과 올바른 길로 인도하기 위해 채찍질을 아끼지 않으셨던 지금은 돌아가신 나의 부모님과 가족애로 똘똘 뭉쳐 애향심의 발로가 되게 해 준 형제들, 대구 구석구석 추억과 사랑을 심어 준 나의 모든 친구들, 공부한다는 핑계로 다소 소홀했던 우리 가족들, 특히 자녀 뒷바라지에 열과 성을 다한 아내와 훌륭히 자라 준 사랑스러운 딸 수연이, 군 복무 중인 아들 성우에게 이 책을 바친다.

2014년 11월
달구벌 옛터에서

차 례

세 번째 이야기   # 달구벌 분지를 에워싸는 대구의 산지

여섯 번째 이야기 **팔공산에서 벌어진 왕건과 견훤 간의 처절했던 공산전투**

일곱 번째 이야기 **대구의 명소 근대화 골목과 대구지역의 풍수**

대구를 분지라고
부르는 이유

01

대구분지에 대해
알아보자

학창시절 지리 선생님 또는 사회 선생님으로부터 우리나라의 대표적인 분지 도시는 대구라는 이야기를 한 번 정도는 들어 보았을 것이다. 그 후로도 언제 어디서나 분지 하면 유독 대구를 사례로 드는 경우가 많았던 것으로 기억된다. 그렇다면 왜 대구가 분지의 대명사처럼 인식되어 온 것일까?

아마도 여러 가지 이유가 있었겠지만 필자가 생각하기에 팔공산에 대한 인식이 일반인들에게 강하게 작용했던 것으로 보인다. 1950년에 발발한 한국전쟁에서 공산군의 침략으로부터 끝까지 버텨 낸 낙동강 방어선의 보루가 팔공산이었다. 또한 갓바위가 위치한 곳이 팔공산이란 사실도 대구가 산지의 도시, 즉 분지 도시의 대표성을 가지는 데 일조했을 것이라 본다.

어쨌든 대구가 분지인 것은 분명하다. 그런데 문제는 대구를 비꼬는 데 이러한 지형 특성을 연관시킨다는 것이다. 인터넷 상에 떠도는 허황된 루머 중 하나는 대구가 '수구보수 꼴통'의 도시라는 것이다. 또한 이러한 대구의 폐쇄성을 설명하는 데 약방의 감초처럼 인용되는 것이 대구의 분지적인 지형 특성이다. 하기야 전직 모 대통령조차도 대구에 들러 지역민들에게 "대구 사람은 분지적 사고를 떨칠 필요가 있다."라고 한 적이 있을 정도이니 말이다.

그런데 참으로 이상한 일이다. 분명히 학교에서 배우기는 '한반도는 산지가 70%에 달한다'는 것이다. 다시 말하면, 한반도에서 부산, 인천, 울산, 포항, 목포, 군산, 강릉, 속초 등 해안가 주거지를 제외한 내륙의 주거지는 모두가 분지라는 사실이다. 그리고 서울은 우리나라에서 가장 큰 분지 도시이다. 그럼에도 불구하고 서울을 분지라는 지형적 특성과 연관시켜 비꼬는 경우는 없다. 그런데 왜 유독 대구를 얘기할 때는 그러한 논리적이지 못한 비유를 하는지 대구 지역민들은 한번쯤 곰곰이 생각해 볼 필요가 있다.

왜 대구를 그렇게 인식하고 있을까? 답은 의외로 간단하다. 1960~1970년대에 저개발국이던 우리나라에서 그나마 잘나가던 도시 중 하나가 대구였기 때문이다. 당시 경상도가 경제개발 혜택의 중심에 있었는데 경상도에서는 대구와 부산이 가장 큰 도시였다. 그중 부산은 항구도시라 외부와의 개방이 비교적 용이했기 때문에 결국 집중포화는 대구 한 곳으로 올 수밖에 없는 구조였다. 거기다 대구 출신이면서 나름 처세에 성공한 사람들은 대다수가 지역을 떠나 서울로 가 버리고 대구야 어떻게 되든 별 관심도 없었다. 그러다 보니 대구가 사면초가에 빠져들게 된 것이다. 혜택은 서울로 간 대구 출신들이 다 나눠 가지고, 남은 대구 지역민들은 혜택도 별로 보지 못한 상황에서 욕만 먹는 꼴이 되었다.

이제 누가 대구를 위해 좀 더 관심을 가져야 할 것인지는 더 이상의 설명이 필요 없을 것 같다.

지리적으로

대구분지는 어디까지인가?

위성사진에서 보면 대구분지는 그 모습이 뚜렷하게 드러난다. 북쪽은 팔공산괴가 동-서로 가로놓여 있고, 남쪽은 비슬산괴가 역시 동-서로 가로놓여 있다. 그 한가운데를 금호강이 동에서 서로 흘러 화원유원지 부근에서 낙동강으로 유입한다. 자세히 보면 팔공산지 기슭에서부터 시작하여 남쪽의 비슬산괴 기슭에 이르는 가상의 원을 그려 낼 수 있다.

그렇다, 가상의 원이 그려지는 너른 평지가 바로 대구분지의 범위가 되는 것이다. 동쪽과 서쪽 부분의 잘록한 부분은 오래전부터 유유히 흘러온 금호강에 의해 조각된 부분이다. 분지 내부도 금호강이 크게 휘감아 돌면서 조각을 한 부분도 있지만 다른 여러 수계가 끊임없이 흘러 조각한 결과로 나타난 것이다.

대구분지는

어떻게 만들어졌을까?

동일한 환경에서는 약한 곳이 강한 곳에 비해 상대적으로 침식에 약하다. 대구를 비롯한 경상도 일대는 약 1억 년 전인 중생대 백악기에는 호수였다. 그래서 대구분지를 구성하는 암석은 호수에 퇴적된 퇴적층이 다져져 만들어진 퇴적암이다. 퇴적암은 책을 쌓아 놓은 듯, 시루떡의 모습을 보인다.

이러한 모양 탓에 지역민들은 퇴적암을 예로부터 층석(層石)이라 불렀다. 그런데 언제부터인가 층석이 대구 사람 특유의 발성 때문에 청석(靑石)으로 발음되더니, 급기야 푸른 바위로 인식하는 사람들이 많아졌다. 이는 잘못된 인식이므로 지금부터라

그림 1. 앞산에서 내려다본 대구시가지 전경 (멀리 팔공산의 주능선이 보인다.)

도 고쳐야 한다.

호수 밑에서 형성된 퇴적암은 지각변동으로 인해 융기를 하였고, 일정한 높이를 가진 퇴적암 지대는 비가 오면 다시 깎여 나갔다. 이런 상태에서 남쪽의 앞산을 비롯한 일부 비슬산괴는 중생대 후기인 약 7,000만 년 전에 화산이 폭발하여 약 3,000~4,000m에 달하는 화산을 이루었으며, 북쪽의 팔공산괴도 중생대 후기인 약 6,500만 년 전 마그마의 관입으로 화강암으로 이루어진 산지를 만들었다. 결국 나중에 만들어진 화산암과 화강암 지대는 비교적 높은 산지를 이루는 것에 반해 퇴적암 지대는 빠르게 깎여 나가 낮은 저지를 이루면서 분지의 형태를 띠게 된 것이다.

그렇다, 분지는 그렇게 만들어지는 것이다. 이렇게 보면 대구를 구성하는 암석은 나이로 보면 대구분지 바닥을 이루는 퇴적암이 가장 오래되었다. 그다음은 화산 폭발로 형성된 분지 남쪽의 화산암이고, 가장 나이가 어린 암석은 북쪽의 팔공산을 구성하는 화강암이 된다.

팔공산-동화천-금호강-신천-비슬산(앞산)으로 이어지는 중심 생태축

대구는 250만 명에 달하는 많은 인구가 살고 있는 세계적인 대도시로 소위 메트로폴리스(거대도시)로 분류된다. 세계적으로 봐도 인구 100만 명이 넘는 거대도시가 흔치 않다. 특히 해발고도 1,000m가 넘는 높은 산이 거대도시를 둘러싸고 있는 경우는 아마도 대구가 전 세계에서 유일한 것으로 보아야 할 것이다.

대구는 한마디로 천혜의 자연환경을 갖춘 곳이다. 도시 북쪽에는 해발고도 1,193m의 팔공산이, 남쪽에는 1,084m에 달하는 비슬산이 위용을 드러내고 있다. 또한 팔공산지에서는 동화천을 비롯해 율하천, 불로천, 팔거천 등이, 비슬산지에서는 신천을 비롯해 욱수천, 달서천, 진천천 등이 발원하고 있어 산과 하천의 조화로움을 잘 보여 준다. 지극히 균형 잡힌 자연환경을 연출하고 있는 것이다.

전체적으로 볼 때 대구의 중심 생태축은 팔공산지-동화천-금호강-신천-비슬산지(앞산)로 이어진다. 산과 물이 단절되지 않고 이어지는 이러한 생태축은 인간과 자연이 조화롭게 공존할 수 있는 미래지향적인 대구를 디자인함에 있어 반드시 고려되어야 할 중요한 항목이다.

그림 2. 도심 속임에도 훌륭한 자연 생태계를 보여 주는 동화천(뒤로 눈 덮인 팔공산이 보인다.)

그럼에도 불구하고 최근 연경동 택지 조성지에 건축 공사가 진행 중에 있어 참으로 안타깝다. 이 연경동 일대를 흘러가는 동화천은 대구에 마지막 남은 생태하천이다. 대도시에서 이처럼 훌륭한 생태환경을 갖춘 곳을 찾기는 힘들다. 대규모 아파트 단지를 조성하여 대구가 얻을 것에 비해 잃을 것이 너무 크기 때문에 참으로 걱정이다. 시민단체를 조직하여 공사강행을 막으려고 노력도 해 봤고, 언론의 힘도 빌려 봤지만 공사를 막기에는 역부족이었다.

이제 남은 일은 아파트 단지 조성으로 인해 훼손될 위기에 처한 동화천을 모든 시민들이 깊은 관심을 가지고 지켜보는 것이다. 수령 수백 년을 상회하는 왕버드나무 군락을 비롯해 동식물 생태계가 지극히 양호한 동화천 습지가 눈에 아른거린다 (그림 2).

살고 싶은 그곳, 흥미로운 대구 여행

02

이중환의 『택리지』에서 대구는 어떻게 표현되고 있나

달구벌의 의미

예로부터 대구는 다벌(多伐), 달벌(達伐), 달구벌(達句伐), 달구화(達句火), 달불성(達弗城), 대구(大丘) 등으로 다양하게 불려 왔다고 전해진다. 그러나 다벌이 달구벌과 같을 것이라고 보는 견해는 일부 주장에 불과해 명확하지 않다. 언어학자와 역사학자들은 '불'과 '벌'은 평야나 취락을 뜻하며 '달'은 넓은 공간을 의미한다고 하여, 대구의 옛 이름인 달구벌과 현재의 이름인 대구가 같은 의미라고 한다.

大丘(대구)라는 명칭이 처음으로 기록에 등장한 것은 신라 경덕왕 16년(757년)이다. 따라서 삼국 통일 이후 중국 당나라의 영향 때문에 달구벌이 대구로 바뀌게 된 것으로 판단된다. '구(丘)'가 '구(邱)'로 바뀐 것은 조선 21·22대 왕인 영·정조 때이다. 정조 3년(1779년) 5월부터는 『조선왕조실록』에서도 대구(大邱)로 쓰이기 시작하였다. 이것은 1750년(영조 26년) 대구의 유생인 이양채(李亮采)가 대구의 '구(丘)' 자는 공자의 휘(諱)이므로 이를 바꾸어야 한다는 상소를 올린 것이 계기였다. 그리고 1780

년대부터 점차 대구(大丘)에서 대구(大邱)로 변경되어 쓰이게 되었다. 이후에도 '구(丘)'와 '구(邱)'가 혼용되다가 조선 25대 왕인 철종 원년(1850년)부터는 대구(大邱) 하나로 표기되어 현재에 이르고 있다.

그러나 여기서는 새로운 관점, 즉 지리학적 관점에서 대구라는 지명을 분석해 보고자 한다. 우선 대구의 이름이 달구벌이라고 하였는데, 여기서 '달구'는 우리말의 고어 중 산(山)에 해당되는 '닥' 또는 '닭'이 '달구'로 연음되어 나타난 표기이다. 즉 '달구'라는 용어는 산이라는 의미이며, 벌은 순수 우리말로 평야, 들판의 뜻이다. 결국 달구벌은 산으로 둘러싸인 들판 또는 평야로 지리학에서 말하는 분지의 뜻을 가진다.

현재 분지를 둘러싼 산지에 대한 '학술 용어'는 따로 마련되어 있지 않다. 이참에 분지를 둘러싸고 있는 산지를 가리키는 용어를 순우리말로 만들어 보면 어떨까? '두루메(뫼)' 또는 '두루봉'이 적당할 듯하다. 만약 이렇게 된다면, 대구분지를 둘러싸고 있는 팔공산과 앞산을 포함하는 비슬산은 학술 용어로 두루메(뫼) 또는 두루봉이 되는 것이다.

가거지(可居地)로서의 대구

『택리지』는 청담 이중환이 실제로 30여 년간에 걸친 답사를 통해 얻은 경험을 토대로 집필된 서적이다. 따라서 실증적인 자료를 제공해 줄 수 있으며, 다소 추상적인 요소가 있지만 비교적 합리적이고 실용적인 관점에서 접근한 훌륭한 지리서로 평가되고 있다.

이중환은 이 책의 「복거총론」에서 "근처에 구경할 만한 산수가 없으면 성정을 도야시킬 수 없고 … 산수는 사람의 정신을 기쁘게 하고 감정을 화창하게 하며, 사는 곳에 산수가 없으면 사람을 촌스럽게 만든다. 그러나 산수가 좋은 곳은 생리가 좋지 않은 곳이 많다. 따라서 기름지고 땅이 넓은 들에 지세가 좋은 곳을 골라 살면서 10리 밖이나 반나절 거리 안에 산수가 좋은 곳을 마련하여 두었다가 가끔 들러서 심신을 정진하고 오면 그것이 최고이다(近處無山水可賞處 則無以陶瀉性情 … 夫山水也者 可而怡神暢情者也 居而無此 則令人野矣 然山水好處 生利多薄 不如擇沃土廣野地理佳處築居 買名山佳水於十里之外 惑牛一程內 每一意到 時時往復 以消憂 惑留宿而返 此乃可繼之道也)."라고 하였는데, 이것은 청담의 지형관을 단적으로 보여 주는 좋은 사례로 볼 수 있다. 특히 그는 현대사회의 별장과 유사한 기능을 가진 개념을 언급하고 있어서 주목된다.

다음은 이중환이 『택리지』에서 대구를 표현한 문장을 옮겨 적은 글로, 대구의 자연경관이 비교적 정확하고도 상세하게 나타나고 있다.

"대구 팔공산은 암봉이 옆으로 이어져 있는데, 산과 산의 좌우 하천이 매우 아름답다. 오직 산의 서쪽에 산성을 쌓아 적의 공격에 대비하는 중요한 진지로 삼은 것이 거슬린다. 비파산(앞산을 말함)에는 샘물이 솟아나는 바위가 있다(석정을 말함). 팔공산 남쪽으로 흐르는 큰 강인 금호강 서쪽이 칠곡, 동남쪽은 하양, 경산, 자인 등의 고을이 있다. 도 전역에는 성을 쌓아 지킬 만한 곳이 없으나, 칠곡만은 관아가 있는 성이 만 길 높이의 산에 있고 남과 북으로 이어지는 큰길을 가로지르고 있어 방어에 중요한 요새이다. 대구는 감사가 다스리는 곳으로, 사방이 높은 산으로 둘려 있다. 가운데에는 큰 들판이 발달하고 있는데, 들판 가운데를 금호강이 동에서 서로 흘러 낙동강 하류로 유입한다. 고을 관아는 금호강 남쪽에 있고, 경상도 중앙에 위치해 남과 북으로 거리가 매우 균등하고 지형경관 또한 수려한 도회지이다. 한편 금호들은 넓고 기름져 신라 이래 지금까지도 많은 사람이 사는 곳이다. 지세와 생리 모두 대대로 살아가기에 좋은 곳이다. 그러나 난을 피하기가 마땅치 않은 것이 단점이다."

선사시대와 역사시대의 대구 모습은?

01

선사시대와
빙하기 이야기

빙하기가
왜 나타날까?

지구에는 지금보다 훨씬 추웠던 빙하기가 실제로 존재했었고 앞으로도 빙하기는
또 오게 된다. 그렇다면 빙하기는 왜 생겨나는 것일까? 지구에 빙하기가 발생하는
것을 보다 쉽게 이해하기 위해서는 지구의 공전 궤도와 자전축에 대해 알아볼 필요
가 있다.

지구가 태양 주위를 1년에 한 바퀴 도는 것을 공전이라 하고, 공전하는 동안에도 지
구는 자전축을 중심으로 하루에 한 바퀴 돌게 되는데 이것을 자전이라 한다. 그런데
공전 궤도와 자전축의 기울기는 항상 일정한 것이 아니라 수만 년을 주기로 조금씩
변한다는 것이 과학계의 설명이다. 바로 이러한 공전 궤도 변화와 자전축 기울기의
변화로 인해 태양으로부터 지구에 도달하는 에너지는 변한다. 즉 공전 궤도가 지금
의 궤도보다 약간 바깥으로 돌면서 동시에 자전축이 약간 더 기울어진다면, 지구에

도달하는 태양 에너지가 감소하여 지구 상에는 혹독한 추위가 나타나며 이는 바로 빙하기가 발생하는 이유가 된다. 반대로 공전 궤도가 좀 더 안쪽으로 이동하고 자전축이 덜 기울어지면, 지구에 도달하는 태양 에너지가 많아져 빙하기는 끝나고 고온의 지구, 즉 간빙기가 나타나는 것이다.

지구 생성 이래 이러한 현상은 아마도 반복되어 왔을 것이다. 현재 우리가 사는 기후환경보다 더 추운 빙하기가 오면 바닷물이 증발하여 눈으로 변해 녹지 않고 육지에 쌓여만 갈 것이다. 그러면 육지에 쌓여 가는 눈의 양만큼 바닷물은 줄어들어 해수면이 낮아진다. 반대로 지구의 대기 온도가 점점 높아지면 육지에 쌓여 있던 눈(빙하 포함)이 녹아 바다로 흘러가게 되어 바닷물이 불어나고 결국 해수면은 높아진다. 지구 상에 이와 같은 빙하기와 간빙기가 교대로 나타나면서 지구의 자연환경은 엄청난 변화를 겪어 왔다.

그러한 변화는 우리 인류 문명에도 큰 영향을 주었다. 예를 들면, 지금으로부터 약 1만 년 전까지는 지구 상에 마지막 빙하기가 존재했던 시기이다. 인류의 문명 역시 이러한 1만 년 전을 기준으로 큰 전환점을 맞이하는데, 이에 역사에서는 1만 년 이전의 빙하기를 구석기시대로, 그 이후의 시기를 신석기시대로 구분하고 있다.

빙하기 당시 한반도와 중국 사이에 놓여 있는 서해는 평균수심이 수십m에 불과하고 깊은 곳도 120m가 채 안 되어, 육지로 드러난 상태로 보면 된다. 남해 역시 평균수심이 120m를 넘지 않아, 제주도까지 육로로도 이어질 수 있었다는 생각을 가능하게 한다. 이렇게 보면 제주도에서 구석기 유적이 발굴되는 경우가 충분히 이해된다.

빙하기가 오면 날씨가 추워져 동물은 먹잇감을 찾아 보다 따뜻한 남쪽으로 이동하게 된다. 그러면 인류 역시 추위를 피하고 먹잇감을 쫓아 남으로 이동할 수밖에 없다. 이렇게 해서 구석기시대 인류가 제주도까지 이동하게 되었고, 그 후 빙하기가 끝나고 날씨가 따뜻해져 북으로 돌아가려고 해도 이제는 해수면이 높아져 갈 수 없게 되었을 것이다. 결국 당시 제주도에 머물게 된 인류가 제주도 최초의 인류가 되는 것이다. 그리고 빙하기에 한반도로 이동해 온 구석기 인류는 보다 고위도의 지역에서 이동해 온 것이라 판단할 때, 이전의 지역에서 사용했던 도구나 여러 가지 유물들이 자연스럽게 남쪽으로 전래되었을 것이다. 지구 전체에 걸쳐 나타나는 유적이나 유물이 유사성을 가지는 근본적인 이유도 바로 이런 환경 변화에 그 원인이 있다고 보면 된다.

월성동의 구석기시대 문화

인류의 구석기시대는 약 250만 년 전부터로 추정되나, 우리나라의 구석기시대는 약 70만 년 전부터 시작되며 전기(70만~12만 년 전), 중기(12만~4만 년 전), 후기(4만~1만 년 전) 세 시기로 구분된다.

대구에서는 2000년 수성구 파동 신천 변 용두산 자락(장암사-앞산터널)에서 선사시대 유적인 바위그늘(암음)이 발견되었다. 바위그늘 주변에 분포하는 토층(1.5m)은 4개의 문화층으로 구분된다. 최상층에서는 조선시대 유물들, 그 하부층에서는 삼국~통일시대에 이르는 토기 파편 유물들, 또 그 하부층에서는 신석기~청동기시대의 무문토기와 유구석부 등이 출토되었다. 그리고 최하부층에서는 비교적 단단한 점토층이 나타났고 하천 자갈들이 발견되었다. 이 하천 자갈들은 인위적인 작용으로 형성된 것으로 보이는 날카로운 깨진 면을 가지고 있어 구석기 유물로 추정되었다.

한편 파동 바위그늘 유적 주변에는 또 다른 암음(하식동굴과 바위 굴)이나 고인돌 채석지로 추정되는 판상절리 지형과 토르(tor) 등이 있어 이에 대한 관심과 발굴이 필요한 상황이다. 선사유적지로 추정되는 이들 지형은 2014년 완전 개통된 신천좌안대로 연장 건설공사로 훼손될 위기에 놓였으나, 다행히 필자를 비롯해 몇몇 시민단체와 언론이 노력한 끝에 주변 경관은 다소 훼손됐지만 보존할 수 있었다(그림 3).

2006년에는 달서구 월성동(월성월드메리디앙 아파트 자리)에서 후기 구석기시대 유물이 대량 발굴되었다. 이는 대구지역 최초의 거주 인류가 구석기시대인임을 알려 주는 것으로, 대구의 역사적 정체성 확립에 큰 도움을 주었다. 월성동 구석기 유물 발굴 중 특이한 점은 석기 제작지의 존재였다. 이곳에서는 석기 제작의 원석인 몸돌, 몸돌을 가공하는 데 사용했던 망칫돌, 몸돌로부터 떼어 낸 격지(몸돌에서 산출된 가공 돌), 긁개, 새기개, 찌르개, 흑요석 등 약 1만 3,000여 점에 이르는 다양하고도 많은 석기들이 출토되었다. 게다가 받침돌[臺石]을 비롯해 모룻돌도 함께 출토되어 구석기시대의 석기 제작지였음을 확인시켜 주고 있다.

그런데 흥미로운 것은 이곳에서 출토된 흑요석의 산지가 대구지역이 아니라는 사실이다. 흑요석은 화산 분출 때 형성되는 유리질 화산암인데, 특히 월성동 흑요석은 광물학적 성분에 있어 백두산 화산암도 아니고 일본 규슈 지방의 화산암도 아니어서 궁금증을 더한다. 그렇다면 대구의 흑요석은 어디로부터 온 것이란 말인가? 앞서도 설명했듯이 구석기시대는 해수면이 현재보다도 약 120m가량 낮아 해면 위로 드러난 육지 부분이 넓기 때문에 이동이나 교류 범위는 지금보다 훨씬 넓었을 것이다. 아마도 이 시기 북방에 거주하던 우리의 선조들이 추위를 피하고 먹잇감을 구하기 위해 남쪽으로 이동하여 정착한 곳이 대구의 월성동 일대일 것이다. 그렇게 조성된 월성동 유적이 그동안 잊혀져 있다가 오늘에서야 비로소 우리 앞에 나타난 것이다.

대구의
신석기시대 문화

대구에서 신석기시대 존재를 처음 알린 빗살무늬토기 출토지는 수성구 상동이다. 그 후 동화천 일대 북구 서변동에서 1998년 10월~2000년 2월까지 약 17개월에 걸친 발굴 기간에 빗살무늬토기를 비롯한 많은 양의 신석기 유물이 발굴되었다. 서변동 신석기 유적지 발굴은 월성동 구석기 유적지가 발굴되기 전까지는 대구 최초 인류의 거주 시기를 청동기시대에서 신석기시대로 앞당기는 데 결정적인 역할을 했다.

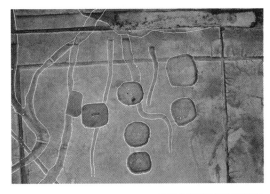

그림 4. 서변동 신석기 유적지
출처: 국립대구박물관

이 서변동 유적지에서는 신석기시대 유적과 유물 외에도 청동기시대 유적과 수전(水田) 등 대규모의 취락지도 함께 발굴되어 중요 유적지로 부각되었다(그림 4).

하천 변의
청동기시대 문화

청동기시대를 대표하는 유적인 고인돌(지석묘)은 대체로 하천 변 구릉지에서 발굴된다(그림 5). 신천 주변에서는 달성군 가창면(냉천리, 대일리), 수성구(파동, 상동, 중동), 중구(대봉동, 삼덕동), 남구(이천동), 북구(칠성동)에, 진천천 주변의 경우에는 달서구(상인동, 월성동, 진천동)에, 욱수천 주변은 수성구(매호동, 사월동, 시지동)에 집중적으로 분포한다. 이 밖에도 팔거천 주변의 북구 동천동, 동화천 주변의 북구 서변동과 동변동 등지에도 분포한다. 전해 오는 말에 의하면, 과거 대구에서만 약 3,000여 기의 고인돌이 하천을 따라 분포했다고 한다. 하지만 그 많던 고인돌은 개발 과

그림 5. 대구 남구 이천동 고인돌 유적지
출처: 국립대구박물관

정에서 거의 다 사라졌다. 아마도 대구라는 대도시에서 약 3,000여 기의 고인돌이 지금껏 하천 변을 따라 분포하고 있다면 그것은 분명 세계 문화유산의 가치를 지니고도 남았을 것이다.

대구지역 내 대표적인 청동기 유적과 유물 발굴지를 소개하면 다음과 같다.

1974년 서구 평리동에서 중국 한나라 때 생산된 청동거울[銅鏡]인 한경(漢鏡)과 이러한 거울을 모방한 제품인 방제경(倣製鏡)이 발굴되어 당시에도 중국과의 교류가 있었을 것이라는 가능성을 짐작케 해 준다.

1997년에는 북구 동천동 칠곡 택지 3지구 아파트 공사장에서 청동기 후기 주거지 유적이 발굴되었다. 이곳에서는 주거지와 더불어 경작지, 제의시설, 고상가옥(高床家屋) 등도 발굴되었다. 특히 우리나라 최초의 청동기시대 우물 유적도 4곳이나 발굴되었다. 또한 방어 기능을 보이는 도랑시설인 환호(環濠) 유적이 목책과 더불어 발굴되어 당시의 시대상을 잘 엿볼 수 있다.

1998년 동화천 변 서변동 유적지에서는 주거지로 보이는 고상 건물터와 사용처를 알 수 없는 별 모양 도끼가 발굴되기도 하였다. 또한 달서구 진천동에서는 성혈(性穴)과 동심원이 새겨져 있는 입석(立石, 선돌)과 더불어 석축, 제단, 석관묘 등이 발굴되어 선사시대 생활상을 한눈에 볼 수 있게 해 준다.

한편 2008년 북구 매천동 매천 택지개발지구에서는 청동기 주거 유적과 절굿공이도 발굴되었다. 절굿공이의 존재는 떡, 국수, 빵 등의 요리가 가능했다는 것을 의미한다. 선사시대는 말 그대로 역사 이전의 시대이다. 비록 역사적인 기록을 글로 남기지는 못했지만 다양한 유적지와 유물을 통해 당시 인류의 생활상을 짐작할 수 있으며, 그들의 생활수준은 우리의 상상을 뛰어넘는 수준이라 생각된다.

02

대구의 철기시대 문화
(기원전 3세기부터 기원 전후까지)

철기시대는 초기 철기시대와 원삼국(삼한)시대로 구분한다. 초기 철기시대는 기원전 300년경부터 기원 전후까지이고, 후기 철기시대인 원삼국시대는 기원 전후부터 300년경까지이다. 대구지역에서 초기 철기시대 유물이 발굴된 곳은 북구 팔달동, 수성구 만촌동, 서구 평리동과 비산동 등지이다.

이 중에서 대구의 철기시대를 대표하는 유적지는 팔달동의 대백인터빌이 위치하는 곳으로, 팔거천이 금호강으로 합류하는 일대이다. 2000년 영남문화재연구원에서 발굴한 유적지에서는 광범위한 마구(馬具)들이 출토되었는데, 이는 말이 생산을 위해 또한 전투를 위해 이용되었다는 증거가 되고 있다. 말은 기동성이 뛰어나 인류의 활동 범위를 비약적으로 개선시킬 수 있었다. 또한 이곳에서는 철검, 투겁창, 납작도끼 등 초기 철기시대는 물론 원삼국시대에 이르는 유물도 많이 출토되었다.

한편 금호강, 동화천, 신천이 합류하는 침산과 연암산 일대 기슭은 홍수로 인한 침수를 피할 수 있어 인류가 거주하기에 좋은 곳이다. 또한 인근 하천에서는 어로가 가능할 뿐 아니라 비옥한 충적 범람지는 생산력도 높다. 이러한 거주 환경은 초기 철기시대 인류가 살아가기에 좋은 곳이었다.

연암산에서는 초기 철기제품 중 유구석부(有溝石斧, 홈자귀)만 약 300점 넘게 발굴되어 유구석부의 주된 공급원이었을 것으로 추정된다. 그런데 유구석부 재료는 팔공산이나 가창 지역에서 공급된 것으로 보여 당시의 생산체계나 유통체계, 수송수단 등의 수준을 짐작케 한다.

비산동 와룡산 기슭에서는 제의용일 것으로 추정되는 새 모양 장식(조형안테나식) 세형동검이 출토되어, 시베리아 남부 초원지대를 근거로 활동했던 유목민 스키타이 족과의 교류도 엿볼 수 있다. 지산동에서는 새 2마리가 마주 보는 장식인 쌍조형의 후기 철기시대 청동검이 발굴되었다. 또한 동구 봉무동 산업단지 옹관묘에서도 청동검이 발굴되었다. 이러한 여러 가지 유목과 유물을 고려해 볼

그림 6. 팔달동 목곽묘(위)와 봉무동 봉무토성에서 발굴된 오리 모양 토기(아래)
출처: 국립대구박물관

때 대구 선사인들의 유통 범위는 유럽에서 중국을 거쳐 일본으로까지 이어지는 국제적 수준의 체계를 갖춘 것으로 평가할 수 있을 정도이다.

03

원삼국시대와
삼국시대의 대구

진한 12소국과
달구벌

원삼국시대, 즉 삼한시대에 해당하는 시기인 기원 전후~3세기에는 영남 일대의 진한 영역에 12소국이 있었다는 내용이 『삼국지』「위서동이전」의 '한조(韓條)'에 기록돼 있다. 『삼국지』는 3세기 후반 중국 진나라의 진수가 편찬한 역사서이다. 「위서동이전」에 실려 있는 삼한과 관련한 주된 내용은 다음과 같다.

"한(韓)은 대방(帶方) 남쪽에 위치한다. 동쪽과 서쪽은 바다와 경계를 이루고, 남쪽은 왜(倭)와 접한다. 사방이 4천 리에 달한다. 종족은 셋으로 마한(馬韓), 진한(辰韓), 변한(弁韓)이고, 진한은 옛날 진국(辰國)이다. 마한은 54개 소국으로 이루어진 반면, 진한과 변한은 24개 소국으로 이루어져 있다. 진한·변한 24소국은 기저국, 불사국, 변진미리미동국, 변진접도국, 근기국, 난미리미동국, 변진고자미동국, 변진고순시국, 염해국, 변진반로국(반로국-대가야), 변낙노국, 군미국, 변진미조야마국, 여담국, 변진감로국, 호로국, 주선국, 변진구야국, 변진주조마국, 변진안야국, 마연국, 변진독로국, 사로국, 우유국 등이다."

그러나 김부식이 저술한 『삼국사기』와 일연이 저술한 『삼국유사』에 기록된 삼한시대 진한 영토에 존재했던 소국들은 감문국, 거칠산국, 골벌국, 다벌국, 비지국, 사벌국, 실직(곡)국, 압독국, 우시산국, 음집벌국, 이서국, 조문국, 초팔국 등으로 신라의 모체인 사로국과 동시대에 존재하고 있다. 그런데 이 소국들은 『삼국지』에 기록된 소국들과는 이름이 달라 비교하기가 쉽지 않다. 한편 『삼국지』에는 진한과 변한의 소국 규모에 관해서도 언급하고 있는데, 진한과 변한의 소국 규모는 작은 경우가 600~700호이며, 규모가 큰 경우는 4,000~5,000호에 달해 총 가구 수는 4~5만 호로 추정하고 있다.

여기서 우리는 대구의 모체인 달구벌에 대해 보다 객관적으로 살펴볼 필요가 있다. 이른바 달구벌국이란 실체는 진한 12국의 한 소국으로서의 정체성을 가진다고 볼 수 있다. 그런데 『삼국지』 「위서동이전」 '한조'의 기록이나 『삼국사기』 또는 『삼국유사』의 기록을 두루 살펴봐도 달구벌국에 대한 국명은 찾아볼 수가 없다. 다만 『삼국사기』에서 신라 파사 이사금 29년(108년)에 비지국, 다벌국, 초팔국을 쳐서 복속시켰다는 기록을 통해 다벌국을 달구벌국으로 보고 그 유래를 추정할 뿐이다.

그런데 문제는 과연 다벌국이 달구벌국이 될 수 있느냐는 것이다. 필자는 결론적으로 말한다면 맞지 않을 가능성이 더 크다고 본다. 왜냐하면 삼국시대 초기 대구에는 한 개의 군에 해당하는 위화군(수창군)을 비롯해 달성을 중심으로 하는 달구화현,

그림 7. 달성토성
출처: 대구광역시 중구청

설화현, 다사지현, 팔거현 등이 있었고, 그중에서 가장 규모가 큰 세력은 두산동, 파동, 대명동 일대를 아우르는 위화군이었다. 즉, 위화군보다 규모가 작았던 달구화현이 달구벌국이 될 수는 없기 때문이다. 물론 달구벌국의 중심이 달구화현이며, 신라가 그 일대를 아우르는 달구벌국을 평정하고 새로운 행정조직을 조성해 나가는 과정에서 달구벌국의 중심이었던 달성 일대를 현으로 격하시킬 수도 있었을 것이다. 그러나 다른 소국이 복속되어 신라의 조직에 편입되는 과정을 보면 군(郡) 이상의 행정규모로 편입되는 것이 일반적이다. 즉 압독국이 압독군으로, 조문국이 문소군 등으로 편제되는 것에서 그러한 추정은 가능하다.

위화(수창)군과
달구화(대구)현 시대

신라시대 이래 고려시대까지는 대구가 군보다 작은 현의 규모에 머물렀었다. 당시의 대구는 달성토성 중심의 달구화현(경덕왕 16년인 757년에 대구현으로 지명 변경됨)으로 그야말로 작은 취락에 불과했다. 현재 대구 수성구의 지명 모체인 신라시대의 위화군(경덕왕 16년인 757년에 수창군으로, 고려 태조 23년인 940년에는 수성군으로 지명 변경됨)이 대구보다 규모가 컸다. 당시 위화군은 지금의 두산동, 파동, 대명동 일대에 해당하는 구역을 차지했다.

대구 중심을 남에서 북으로 흐르는 신천이라는 지명도 위화군과 대구현 사이를 흐르는 하천, 즉 '사이 천'에서 비롯된 것이다. 사이 천은 '새 천'으로 불리다가 한자(漢字)화 과정에서 '새 천'의 '새'가 새로울 '신(新)'으로 엉뚱하게 바뀌어 '신천'으로 불리게 된 것이다. 이렇게 보면 위화군과 달구화현이 대구의 중심 하천인 신천이란 이름을 태동시키는 데 결정적인 역할을 한 셈이다.

『삼국사기』에 기록되어 있듯, 달구화현의 중심이 된 달성은 261년 첨해 이사금 15년에 축조된 것이다. 규모가 작은 탓에 신라 17관등 중 11번째 관등인 내마 직급의 극종이라는 사람을 성주로 보내 다스리게 했다. 요즈음 공무원 직급으로 보면 5~6급에 해당하는 신분으로, 이는 오늘날 대구의 한 개 동을 다스리는 동장의 직급인 5급(또는 4급)보다 낮아 당시 대구의 위상을 어느 정도 가늠할 수 있게 해 준다.

달구벌에서

대구로

달구벌과 관련된 지명은 『삼국사기』에 등장하고 있다. 즉 달구불현, 달구벌현, 달구화현 등으로 기록되거나 불려 왔다. 달구벌 지명의 시대는 신라 35대 경덕왕 이전 시기의 대구 지명이다. 경덕왕 16년(757년)에 이르러 당나라 행정체계를 본받게 된 신라는 달구벌 지명을 대구(大丘)로 변경하게 된다. 이때의 대구 명칭은 현재 우리가 사용하는 대구(大邱)와는 한자가 달랐다.

현재 사용되는 대구 지명은 그 유래를 생각하면 씁쓸함이 더해진다. 조선 영조 때 대구 유생 이양채가 임금에게 올린 상소문과 관련한 『조선왕조실록』 기록(영조 26. 12. 02. 신미)에 의하면, 영조는 이양채의 상소문을 무시하고 대구(大丘)의 원래 한자를 사용토록 지시하고 있다. 여기에 '조선왕조실록CD-ROM간행위원회(1995)'가 번역한 내용을 소개하면 다음과 같다.

대구(大丘)의 유학(幼學) 이양채(李亮采)가 상서하였는데, 대략 이르기를, "신들이 사는 고을은 바로 영남의 대구부(大丘府)입니다. 부의 향교(鄕校)에서 선성(先聖)에게 제사를 지내 온 것은 국초부터였는데, 춘추의 석채(釋菜)에는 지방관이 으레 초헌(初獻)을 하기 때문에 축문식(祝文式)에 대수롭지 않게 '대구 관관(大丘判官)'이라고 써넣고 있습니다. 이른바 '대구(大丘)'의 '구(丘)' 자는 바로 공부자(孔夫子)의 이름자인데, 신전(神前)에서 축(祝)을 읽으면서 곧바로 이름자를 범해 인심이 불안하게 여깁니다. 삼가 바라건대, 편리함을 따라 변통하여 막중한 사전(祀典)이 미안하고 공경이 부족한 탄식이 없도록 하소서." 하니, 승지 황경원(黃景源)이 임금에게 아뢰

기를, "예(禮)에 '모든 제사에는 휘(諱)하지 않는다.'라고 하였으며, 예로부터 고을 이름에 공자의 이름자가 많이 있습니다. 개봉부(開封府)에는 봉구현(封丘縣)이 있고, 진주부(陳州府)에는 침구현(沈丘縣)이 있으며, 귀덕부(歸德府)에는 상구현(商丘縣)이 있고, 하간부(河間府)에는 임구현(任丘縣)이 있으며, 순천부(順天府)에는 내구현(內丘縣)이 있고, 제남부(濟南府)에는 장구현(章丘縣)이 있으며, 청주부(靑州府)에는 안구현(安丘縣)이 있는데, 현의 향교에서 석전(釋奠)할 때 일찍이 휘하지 않았습니다." 하니, 임금이 전교하기를, "지금 원량(元良)이 아뢴 바를 들건대 대구의 유생(儒生)들이 고을 이름의 일을 상소로 전달했다고 한다. 아! 근래에 유생들이 신기한 것을 일삼음이 한결같이 어찌 이와 같은가? 300여 년 동안 본부의 많은 선비들이 하나의 이양채 등만 못해서 말없이 지내 왔겠는가? 한낱 그뿐 아니라 우리나라에도 상구(商丘)와 옹구(顒丘)란 이름이 아직도 있는데, 옛날 선현(先賢)들이 어찌 이를 깨닫지 못했겠는가?" 하고, 그 상소를 돌려주라고 명하였습니다.

당시 영조의 자주성을 엿볼 수 있는 대목이다. 그럼에도 불구하고 대구 유생들의 다소 사대주의적인 생각으로 인해 정조 때에는 대구(大丘)와 대구(大邱)가 혼용되다가 철종 이후부터는 대구(大邱)로 고착되어 지금에 이르고 있다. 필자가 생각하기에 신라 경덕왕 때 사용했던 한자 지명인 대구(大丘)로 복원하여 대구의 정체성을 확보할 필요가 있다. 더군다나 한글이 같아 큰 혼란이나 어려움이 없을 것이므로 옛 한자 지명으로 복원할 당위성은 충분하다.

04

고려시대 이후 대구 지역의 위상은 어떻게 변해 왔나

고려시대에 들어서도 대구는 변방에 불과했다

고려 태조 왕건에 의한 후삼국 통일로 수도는 개경(개성)이 된다. 후삼국 통일 전만 하더라도 대구는 그나마 신라의 수도였던 경주와는 가까운 거리에 위치하여 상대적으로 발전의 잠재력을 가진다고 볼 수 있었다. 그러나 후삼국 통일 후에는 경주보다 훨씬 먼 거리에 위치한 개성이 새롭게 통일된 고려 왕조의 수도가 됨에 따라 대구는 발전에 있어 훨씬 불리한 지리적 환경에 놓이게 되었다.

결국 수도인 개성과의 지리적 거리로 인해 대구는 고려시대에 들어서도 변방에 불과했다. 1018년(현종 9년)에 대구현은 경산부(성주)에 편입되고, 수성군은 동경유수관(경주)으로 편입되었다. 지금의 대구 달성군 화원읍과 하빈면에 해당하는 화원현과 하빈현 그리고 북구 일부(관음동, 동호동, 동천동, 학정동, 읍내동, 구암동, 매천동, 태전동, 국우동 등)와 칠곡군 일부(동명면 등)에 해당하는 팔거현 역시 경산부(성주)로 편입되었다. 다시 말하면 당시만 해도 성주가 대구보다 훨씬 큰 취락지였다. 그러던 중 1143년(인종 21년) 대구현에 비로소 현령(수령, 종5품)이 파견되었다. 1390년(공양왕 2년)에는 수성군 현풍현에 감무가 파견되기도 하여 다가올 새로운 왕조(조선시대)에서의 대구의 잠재력을 예고하는 듯하였다.

세종 때 대구군,
세조 때 대구도호부

고려가 멸망하고 이성계에 의해 새롭게 태어난 조선왕조가 들어서면서부터 대구는 괄목할 만한 발전을 이루어 나간다. 1394년(태조 3년)에 수성현, 해안현, 하빈현이 대구현에 영속되었고, 이듬해인 1395년에는 경주에 편제되었다가 1414년(태종 14년)에 다시 대구현으로 편제되었다. 1419년(세종 1년)에는 대구현이 군으로 승격되었는데, 이 당시 약 1,300호의 가구가 있었다는 기록이 『경상도지리지』에 전한다. 1455년(세조 1년)에는 대구군에 우익(인동, 군위, 신녕), 중익(대구, 하양, 경산), 좌익(청도, 영산, 창녕, 현풍)을 합쳐 대구도로 편제하였고, 1457년(세조 3년)에 다시 대구도(道)를 대구진(鎭)으로 개칭하였다. 마침내 1466년(세조 12년)에 명실상부 최고의 지방거점도시인 대구도호부로 승격한다. 특히 대구는 임진왜란 발발 후 군사적 요충지로 인식되면서 도시의 중요성이 더욱 부각되었다. 대구가 전략상 요충지였던 기록은 신라 왕조 44대 민애왕, 45대 신무왕 관련 『삼국사기』 기록에도 잘 나타난다. 당시 왕족이었으나 민애왕 세력에 밀려 완도 청해진으로 물러나 있었던 김우징이 심복 김양의 도움으로 달구벌 전투에서 민애왕 군대를 물리침으로써 45대 신무왕으로 등극하게 된다. 이는 대구가 신라의 수도 경주로 들어가는 길목에 위치하고 있기 때문이었다. 고려 태조 왕건이 후백제 견훤과 대구 팔공산에서 치른 공산전투 역시 이러한 대구의 전략적 중요성을 잘 말해 주고 있다.

경상감영이
드디어 대구로

조선 이전 왕조인 고려왕조 때만 해도 현 규모의 행정조직에 불과했던 대구는 조선시대 들어서 비약적인 성장을 이룬다. 그리고 1601년(선조 44년)에는 경상도의 중심으로서의 위상을 굳게 된다. 이른바 경상도의 중심 관청인 경상감영이 대구로 옮겨 온 것이다. 그동안 경상감영은 경주, 상주, 안동 등지에 위치해 왔다. 실로 대구가 한반도의 중심 세력권의 하나로 부상하는 시기가 도래한 것이다.

필자가 대학을 다니던 시절인 1970년대에는 대구 도심지가 한정되어 있어 대학생들이 주로 휴식을 위해 찾던 곳은 중앙로 바로 옆에 위치한 중앙공원이었다. 수성유원지나 동촌유원지, 앞산공원 일대도 훌륭한 휴식 장소였지만, 교통이 원활치 못했던 당시로는 접근성이 좋은 중앙공원이 가장 즐겨 찾는 휴식처가 된 것이다.

필자는 당시만 해도 중앙공원이라는 명칭이 대구 한가운데 위치하고 있어 그렇게 불렸던 것 그 이상도 이하도 아니라고 인식했다. 그러나 나중에 그곳이 경상도의 중심 관청이었던 경상감영이 위치했고 또한 광복 이후에는 경북도청이 위치했다는 사실을 알게 되면서 대구 지역민으로서 자부심과 긍지를 느낄 수 있었다. 늦은 감은 있지만 과거의 중앙공원을 경상감영공원으로 개칭한 것은 참으로 잘한 일이라 생각된다. 앞으로도 이와 유사한 일들이 지속적으로 이루어져 대구의 정체성과 자긍심을 견인해 나갈 수 있기를 바란다.

05

일제가 강점한 그때
그리고 그 후

일제강점 하
1914년 부제를 실시하다

1890년대는 이미 일본인들이 한반도에 진출하여 여러 가지 일들을 도모하던 시기였다. 일본인들은 대구 정착 초기에 동촌유원지와 수성유원지 일대를 적극 개발하기 시작했다.

1911년 동촌에 처음 정착하게 된 일본인 사카모토는 동촌 일대가 사과 재배하기에 좋은 곳임을 알고 사과나무를 심기 시작했다. 물론 대구 최초의 서양 사과나무 재배는 1899년 미국 의료선교사인 존슨(Woodbridge O. Johnson) 박사가 동산병원 초대 병원장으로 부임하면서 그의 사택에 심었던 72그루의 사과나무이다. 1918년 동촌 일대는 일본인들에 의해 본격적인 개발이 시작된 결과, 곳곳에서 사과농사가 이루어졌다. 당시 사과꽃이 만개하던 봄철이나 사과를 수확하던 가을철에는 연분홍빛 사과 꽃을 구경하러, 혹은 빨갛게 익은 탐스러운 사과를 따 먹으러 온 젊은 연인들로 문전성시를 이루었다 한다. 수성유원지의 중심을 이루는 수성못 역시 일본인 미즈사키 린타로(水崎林太郎)가 수성들에 농업용수를 안정적으로 공급하기 위해 1924년에 착공하여 이듬해인 1925년에 완공한 것이다. 어찌 보면 대구의 근대적 이미지로 인식되는 동촌유원지, 수성유원지, 사과 등이 일제강점기에 이루어진 것이라 생각하니 한편으로는 씁쓸레하다.

특히 1906년 친일파 박중양이 이곳 대구에 대구군수 겸 경북관찰사 서리로 부임해 오면서부터 대구의 정체성 소멸은 급속히 진행되었다. 1906년 박중양은 일본인들의 경제적 이익을 대변해 대구읍성을 허물도록 지시를 내렸다. 성곽을 허물던 도중 박중양은 고종 임금에게 대구가 발전하려면 성곽을 허물어야 한다는 논리를 갖다 붙여 임금의 허락을 받아내려 했으나 고종 임금은 허락하지 않았다. 그럼에도 불구하고 대구읍성은 박중양의 의도대로 1907년 완전히 허물어지게 되었다. 아이러니하게도 젊은 시절 동성로를 즐겨 다닐 때만 해도 동성로가 대구읍성 동쪽 성벽을 허문 자리에 형성된 길인 것을 모르고 천방지축으로 거리를 쏘다녔던 기억이 생생하다. 소위 성곽의 서쪽 벽이 헐린 자리는 서성로, 남쪽 벽이 헐린 자리는 남성로, 북쪽 벽이 헐린 자리는 북성로가 되었다.

한편 1914년에는 일본인에 의해 우리나라에 새로운 행정체제가 도입되었는데, 오늘날 우리나라 관공서나 지명의 상당 부분이 이때 통폐합되거나 수정되었다. 그런데 유감스럽게도 달성군에서는 2014년을 '100년 달성 꽃피다'라는 슬로건을 내걸고 지역 발전에 열을 올리는 중이다. 그러나 이것은 참으로 부끄러운 일이 아닐 수 없다. 어떻게 달성의 역사를 100년으로 보는지 도무지 이해가 되지 않는다. 달성군이 생각하는 100년은 일제강점기 당시인 1914년 일본인에 의한 행정체계가 도입된

그림 8. 동촌유원지(위)와 수성유원지(아래)의 현재 모습

시기, 즉 달성군 개청을 기점으로 하는 것이다. 달성을 축조한 시기는 신라 첨해 이사금 15년(261년)이다. 그렇다면 달성의 역사 기점은 261년으로 보아야 할 것이 아닌가? 필자를 비롯한 몇몇 사람들의 노력 탓인지는 모르나, 다행스럽게도 하반기부터는 기존 사용하던 슬로건 대신에 '대구의 뿌리 달성 꽃피다'로 변경한 슬로건을 사용하고 있다.

1950년대 침체기에서
1970년대 전환기로

일제의 억압에서 벗어난 지 불과 몇 년도 안 되어 한반도에서는 역사상 최대 비극인 한국전쟁이 1950년 6월 25일 새벽 북한의 기습 침략으로 발발하게 되었다. 가뜩이나 기술, 자본, 자원 등이 절대 부족했던 남한으로서는 엎친 데 덮친 격이었다.

전쟁으로 모든 시설물들이 폐허가 되었고 세계에서 그 유례를 찾을 수 없을 정도로 엄청난 인적 피해가 발생했다. 그나마 대구는 전쟁의 폐허 속에 피난민들로 북적였다. 당시 대구의 향촌동은 전쟁이라는 극단적인 환경 속에서도 문화예술이 꽃피던 곳이었다. 내로라하는 문화예술인들이 대구에서 활발하게 활동을 펼쳐 나갔다. 전쟁이 끝나고 난 후인 1950년대 후반에서 1960년대 초반 사이에는 유독 출생률이 높았다. 이른바 '베이비 붐' 세대란 용어는 그렇게 만들어진 것이다.

절대 빈곤 속에서도 근면하고 성실한 국민성으로 인해 1960년대의 한국은 고도의 경제성장을 이루어 나간다. 대구도 예외가 아니었다. 당시의 대구 섬유산업은 전국적인 유명세를 타고 있었다. 대구를 섬유도시, 사과의 도시, 미인의 도시로 부르는 것도 20세기 초부터 형성된 근대화에서 연유한 것이다. 1970년대 들어서 대구는 남

살고 싶은 그곳, 흥미로운 대구 여행

한 사회의 중추적인 도시로 부각된다. 상대적으로 경제력이 풍부해진 탓에 교육열도 매우 높았다. 대구를 교육의 도시라 하는 이유도 이 때문이다. 이렇게 보니 대구에 대한 별칭은 참으로 좋았다고 생각된다.

1980년대 이후
힘차게 뻗어 나가는 달구벌의 힘

베이비 붐 세대가 사회에 진출하게 된 1970~1980년대의 대구는 큰 변화를 맞이한다. 1981년 경상북도에 소속되었던 대구는 대구직할시로 독립되면서 승격한다. 또한 1995년 지방자치법 개정으로 대구직할시는 대구광역시로 명칭이 변경되면서 달성군을 편입하여 7개 구와 1개 군을 포함하는 거대도시로 발전하게 된다. 비록 오늘날 인구수에서 인천에 이어 4대 도시로 전락하였고, 경제력에서도 최하위권에 머무는 처량한 신세로 변하긴 했지만, 대구의 가능성은 여기서 끝나지 않을 것이다.

사통팔달한 교통, 자연재해가 없는 축복의 땅, 마음만 먹으면 언제든지 문화적 욕구를 충족시킬 수 있는 문화예술의 도시, 교육열이 강해 밝은 미래를 담보할 수 있는 희망의 도시, 그것이 오늘의 대구이다. 역사에서 보아 왔듯이 대구의 잠재력은 무궁무진하다. 국가적 위기에서 나라를 지켜 낸 호국의 도시이며, 신라시대 경주에서 대구로 천도 계획까지 있었던 가능성의 도시이며, 이중환이 그의 저서 『택리지』에서도 언급했던 살기 좋은 땅이다.

그런데 무엇보다 중요한 최대의 잠재력은 인심이 후하고 의리가 있는 인본주의의 도시라는 데 있다. 한때 대구에 거지가 많았다는 사실 또한 그만큼 대구가 인심이

후했다는 증거이기도 하다. 1960~1970년대만 해도 거지가 동냥을 오면 그냥 보내는 법이 없었다. 반드시 작은 상이라도 차려 주는 것을 필자는 늘 보아 왔다. 바로 이것이 대구 오늘의 힘이자 미래의 원동력인 것이다.

달구벌 분지를 에워싸는 대구의 산지

01

분지 북쪽의 팔공산과
남쪽의 비슬산

밝은 빛의 화강암 산지, 팔공산…
최고봉명이 천왕봉으로 제정된다는데!!

대구를 구성하는 암석은 1억 년 전에 형성되어 대구분지 바닥을 이루는 퇴적암, 7,000만 년 전에 화산 폭발로 이루어진 앞산의 화산암, 6,500만 년 전에 지하에 있던 뜨거운 마그마가 관입하여 이루어진 팔공산의 화강암 등이다. 다시 말하면 팔공산의 화강암이 가장 늦게 만들어져 나이가 제일 어린 셈이다.

팔공산은 대구의 동구·북구, 경북의 경산시·영천시·군위군·칠곡군 등 6개 지방자치단체에 걸쳐 있어 대구와 경북의 상생과 협력을 상징적으로 보여 줄 수 있는 대표적인 산이다. 화강암으로 이루어진 팔공산은 희고 밝은 빛을 띤다. 앞산이 약간 어둡게 보이는 데 비해 팔공산이 밝게 보이는 것은 화강암의 구성 광물 특성 때문이다.

약 40여km가 넘는 팔공산 주능선은 등산가들에게는 '가팔환초'라는 이름으로 잘 알려져 있다. 다시 말하면 가산-팔공산-환성산-초례봉으로 이어지는 팔공산의 주능선은 등산가들에게 인기 있는 무박 2일 완주 코스이다. 밝은 빛을 띠는 화강암을 조각하여 만든 갓바위(관봉석조여래좌상)를 비롯해 김유신 장군의 칼이라 불리는 명마산의 장군바위, 부처의 발을 닮은 염불봉의 불족암, 볏단을 쌓아 놓은 노적가리 모양의 노적봉, 장롱을 닮았다 하여 붙여진 농바위, 신선이 앉았다는 신선봉, 설악산 공룡능선에 비견되는 톱날바위 능선, 동화사 뒤편에 병풍처럼 우뚝 서 있는 천 길 낭떠러지 바위병풍, 노인의 모습을 보이는 할아버지·할머니바위, 맷돌의 형상을 닮은 맷돌바위 등은 주능선을 대표하는 이름 있는 바위 경관들이다.

계곡에는 다양한 폭포도 발달한다. 수태골의 수태골폭포, 국두림폭포, 동화사 염불암 입구의 염불암폭포, 팔공산 북사면 치산계곡의 선주암폭포(공산폭포, 치산폭포, 수도폭포), 은해사 계곡의 장군폭포, 안흥폭포, 군위군 삼존석굴 근방에 위치한 양산서원 앞 남천에 발달하는 양산폭포 등 크고 작은 폭포들이 즐비하다. 산수경관의 백미로 손꼽히는 바위 절경과 폭포가 조화롭게 배치되어 팔공산을 더욱 팔공산답게 만들어 준다.

2014년 8월 경상북도 지명위원회의에서는 팔공산 최고봉으로 불려 왔던 비로봉(1,193m)을 원래 지명인 '천왕봉'으로 제정하기로 심의·의결하였다. 이제 연말인 12월 11일에 있을 국가지명위원회의 심의·의결만을 남겨둔 상태이다. 이렇게 되면 대구를 둘러싸는 북쪽 팔공산 최고봉과 남쪽을 둘러싸는 비슬산 최고봉 모두 천왕봉으로 새롭게 제정되거나 개칭된다. 어떻게 보면 대구의 정체성 확립이라는 소중한 일이 동시에 일어나는 것 같아 그 기쁨이 말로 형언할 수 없을 정도이다.

팔공산 자락에 소담스럽게 자리 잡은 군위 한밤마을과 동구 둔산동 옻골마을은 수백 년에 이르는 전통가옥이 오롯이 보존되어 있어 더없이 소중한 문화유산이다. 80

그림 9. 팔공산 전경
약 40km가 넘는 팔공산 주능선은 등산객들에게는 이름난 산행코스로 소위 '가·팔·환·초'라 불린다.
팔공산 주능선(위). 중간 왼쪽부터 삼성봉 전면의 용바위, 팔공산 주봉 동편의 바위병풍, 서편의 톱날바위 능선.
아래 왼쪽부터 노적봉, 방아덤(상선대), 선주암폭포.

여 평 남짓한 면적에 연간 수백만 명이 소원을 빌러 오는 전무후무한 갓바위가 있는 곳, 대한불교조계종 제9교구인 동화사와 제10교구인 은해사가 함께하는 곳, 신라 선덕여왕을 비롯해 고려 태조 왕건, 광종, 조선시대 영조 등 역대 왕들과 인연을 맺어 온 곳, 삼성현인 원효, 설총, 일연과 심지조사를 비롯해 매월당 김시습, 퇴계 이황, 추사 김정희가 시를 짓고 글씨를 남긴 그곳, 팔공산! 이제 더 이상 도립공원의 수준에 머물러서는 곤란하다. 국립공원 승격은 물론 세계문화유산으로도 손색없는 세계적인 명산, 이제 우리 모두가 팔공산을 그 위상에 걸맞게 대접해 주어야 할 시기가 온 것이다.

팔공산 지명은
어디로부터 온 것인가?

『삼국사기』 기록에 의하면, 신라시대에 팔공산은 부악, 중악, 공산 등으로 불렸다. 이 중에서 중악은 통일신라 이후 당나라의 산지체계를 본받아 명명된 것이다. 이 산지체계는 '3산 5악'으로 3산은 나력, 골화, 혈례로 대사(大祀)를 지내던 곳이고, 5악은 동악(토함산), 서악(계룡산), 남악(지리산), 북악(태백산), 중악(팔공산)으로 중사(中祀)를 지내던 곳이었다. 이처럼 팔공산은 예로부터 이미 명산의 반열에 올라 있었다.

공산에 대한 지명 유래는 분명치 않으나 지역민들이 전해 주는 말을 빌리자면 다음과 같다. 영천의 신령 등지에서는 예로부터 꿩이 유명해 일대의 계곡조차 꿩이 많은 곳이라 하여 '꿩의 계곡'에 해당하는 '치산(雉山)계곡'으로 불려 왔다. 또한 이곳에서는 살아 있는 꿩을 임금님에게 진상품으로 바치기도 했다. 그런데 경상도 사투리의 명료치 못한 발음 탓에 '꿩'은 '꽁'으로, '꽁'은 다시 '공'으로 불리다가 한자 차음 과정에서 '공(公)'이 돼 공산이 되었다는 것이다. 사실 여부를 떠나 경상도 특유의 에너지 절약 차원에서 기인한 흥미로운 지명 유래라 생각된다.

조선시대에 들어 팔공산이라는 지명이 등장하는데, 문제는 공산이 팔공산으로 불리게 된 경위이다. 여기에 대해서는 몇 가지 설이 있으며, 논리적으로 살펴볼 필요가 있다.

첫째, 팔공산이 8개의 지역으로 둘러싸여 있어 팔공산이라 했다는 경우이다. 그런데 팔공산 주변 행정구역을 역사적으로 살펴보면 가장 많았던 경우가 6개에 불과해 논리적으로 맞지 않다.

둘째, 927년 고려 태조 왕건의 군사와 후백제 견훤의 군사 간에 치열한 전투가 이곳 팔공산에서 벌어졌는데, 당시 대패했던 왕건 군사 중 8장수가 이곳에서 순절한 탓에 팔공산이라는 지명이 생겨났다고 하는 경우이다. 그러나 이 경우 역시 옳지 않다. 당시 공산전투에서 순절한 장수는 신숭겸과 김락 2명뿐이다.

셋째, 신라 41대 헌덕왕의 차남이 출가하여 심지조사로 활동할 때, 부처의 팔간자(八簡子)를 모셔 와 팔공산 정상에서 던져 팔간자가 떨어진 곳에 세운 절이 동화사라 한다. 이때 부처의 팔간자를 모셔 왔기 때문에 팔공산이라 했다는 경우이다. 이 경우 역시 설득력이 없다. 왜냐하면 불교가 융성했던 신라시대에도 사용치 않았던 팔공산의 지명을 숭유억불을 국가 이념으로 주창하던 조선시대에 갑자기 팔간자의 의미를 부여하여 팔공산으로 할 수는 없는 것이다.

이제 마지막 남은 하나는 중국 기원설인데, 필자가 판단컨대 가장 타당성이 있어 보인다. 물론 지역 최고의 명산인 팔공산의 지명이 중국에서 비롯되었을 것이라는 주

그림 10. 팔공산 정상부에 위치한 제천단(제천단에 대한 장소 고증은 아직 이루어지지 않은 상태이다.)

장은 글을 쓰고 있는 필자로서도 찜찜하긴 하다. 중국 기원설의 사연은 이렇다. 383
년 중국 회하(淮河, 화이허 강)의 지류인 비수(淝水) 일대에서는 100만의 군사를 가진
전진(前秦)과 10만의 군사를 가진 동진(東晋) 간에 치열한 전투가 벌어졌다. 아이러
니하게도 10만의 동진이 100만의 전진을 이긴 전쟁으로 세계 전사에 기록되어 있
는 그 유명한 '비수전투'이다. 그리고 이 비수 뒤에는 팔공산이라는 지명의 산이 있
었다. 지금의 중국 안후이 성에 위치한 이 산은 대구의 팔공산과 한자 지명이 동일
하다. 조선시대는 사대모화주의 사상이 주류를 이루던 시대였다. 비수의 팔공산 일

대에서 벌어진 비수전투나 대구 팔공산에서 벌어진 공산전투 모두 치열한 전투였으며 그 성격도 유사하다는 점에서 공산을 팔공산으로 바꿔 부르지 않았을까 생각한다. 특히 1530년에 발간된 『신증동국여지승람』에 처음으로 팔공산이라는 기록이 나오고 있는데, 이는 대구의 팔공산이 중국의 영향을 받았을 수 있다는 간접적인 증거이기도 하다.

또한 팔공산의 지명은 대구 외에도 전라북도 진안군과 장수군 경계에 위치하여 섬진강의 발원지인 곳에도 있다. 이곳의 팔공산도 대구의 팔공산과 한자가 동일하고 해발고도도 높아 1,147.6m에 달한다. 이렇게 한자까지 동일한 지명이 2개 이상 존재한다는 것은 어딘가 그 근원이 있을 개연성이 커진다. 그런데 조선시대에 제작된 상상의 지도인 '천하도'에 나타나는 지명의 대부분이 중국의 『산해경』에 실려 있는 지명에서 차용한 것이라는 연구결과가 있다. 이를 보면 팔공산이 중국 안후이 성의 팔공산에서 유래되었을 가능성이 농후하다. 필자는 여전히 팔공산의 지명이 중국에서 유래한 것이 아니길 내심 바라나, 논리적으로 볼 때 그 가능성은 적다. 어찌 보면 이러한 팔공산을 중국인 관광객 유치에 활용하는 긍정적인 사고로의 전환도 필요하지 않을까 생각한다.

천연기념물인 암괴류와 참꽃 군락지가 장관을 이루는 비슬산, 최고봉 또한 천왕봉이라네…

비슬산은 자연생태적·역사적 가치가 큰 산이다. 이 비슬산을 보다 이름 있는 명산으로 변모케 하는 데 큰 기여를 한 최근의 노력들이 있었다. 예를 들면, 현삼조 전 달성군 의원이 비슬산 정상부에 넓게 펼쳐져 있는 약 30만 평에 달하는 고위평탄면에 참꽃 군락지가 조성될 수 있도록 한 것이나, 필자(대구대학교 손명원 교수 공동)가 2003년 비슬산 암괴류에 대한 학술적 연구를 통해 천연기념물 제435호로 지정될 수 있도록 한 것 등은 비슬산의 생태적·역사적 가치만큼이나 큰 의미가 있다고 본다. 한 해 약 10만 명이 넘는 많은 인파가 비슬산을 찾는데 그 대부분이 참꽃 축제를 전후해 찾아온다고 하니 감개무량할 일이다. 또한 옛날 대견사 터에 동화사에서 새롭게 사찰을 중창한 것도 문화적으로는 의미가 있다고 본다. 그러나 정확한 고증도 아니고 주변 경관에 비해 규모가 크게 지어져 조화롭지 못하다고 느끼는 것은 필자만의 생각은 아닐 것이다.

비슬산의 지명 내력은 『삼국유사』 '포산이성(包山二聖)'에서 처음으로 언급된다. 즉, 포산(包山)은 인도어로 소슬산(所瑟山)으로 발음된다고 기록되어 있다. 그런데 여기에 기록된 포산(包山)은 『신증동국여지승람』에 기록된 포산(苞山)과는 한자어가 다르다. 『신증동국여지승람』에서는, 비슬산은 일명 포산(苞山)이라 하며 산이 나무로 덮여 있다는 의미에서 유래한 것이라고 기록하고 있다. 신라 흥덕왕 원년에 도의(道義)가 저술한 『유가사사적』에는 산의 모습이 거문고를 닮아서 비슬산으로 부르게 되었다고 기록되어 있다. 한편 『경상도지리지』, 『경상도속찬지리지』, 『동문선』, 『조선왕조실록』 태종·세종조에는 지금의 비슬(琵瑟)과 한자어가 다른 비슬(毗瑟)산으로 기록하고 있다.

비슬산은 분지인 대구광역시 남쪽을 둘러싸는 산지로서 곳곳에 풍부한 불교 문화 유적, 다양한 동식물 및 지형 자원을 가지고 있어서 인구 250만의 대구광역시민은 물론 인근 지역 주민들에게 훌륭한 문화생태 공간을 제공해 준다. 대표적인 사찰로는 신라 흥덕왕 2년(827년)에 도성국사가 창건한 유가사를 비롯해 비슬산자연휴양림 입구에 위치한 신라의 고찰 소재사, 보물 제539호 석조계단이 있는 용연사, 우물에 천 년 된 물고기가 살고 있다고 전해 오는 용천사, 도성스님이 바위굴에서 득도하였다는 도성암 등이 유명하다.

넓은 개념에서 본다면 비슬산지는 앞산, 청룡산, 대덕산, 산성산, 삼필봉, 최정산 등지를 포함하는 광범위한 산지이다. 비슬산지는 대구분지 북쪽을 둘러싸는 팔공산과 대구분지 내 동에서 서로 흐르는 금호강, 금호강으로 유입하는 신천·동화천 등과 더불어 대구광역시의 중심 생태축이다.

비슬산에는 수려한 화강암 지형이 잘 발달한다. 특히 비슬산 주 등산로인 소재사 부근의 자연휴양림 입구 매표소로부터 해발고도 약 1,000m에 달하는 대견사가 있는 곳까지는 화강암 지형의 야외 전시관이라 할 정도로 다양한 화강암 지형이 분포한다. 대표적인 지형으로는 총 길이 약 2km에 달하는 세계 최대 규모의 비슬산 암괴류(천연기념물 제435호)가 있다. 등산로 오른쪽에 위치한 암괴류(돌강)와 왼쪽에 위치한 애추(너덜지대)는 생김새가 비슷하여, 따로 떨어져 있을 경우 일반인들이 구별하기가 쉽지 않다. 그러나 가까운 위치에 두 지형이 서로 마주 보고 있어 두 지형 간의 차이점을 쉽게 구별할 수 있기 때문에 자연 관찰 학습장으로 매우 중요하다.

또한 비슬산에는 희소한 지형인 다각형 균열(거북등바위), 고위평탄면 등의 지형도 발달하여 한곳에서 다양한 지형을 관찰하기에 좋다. 대구지역에 있는 고위평탄면의 경우, 달성군 가창면의 최정산 정상부의 고위평탄면이 약 200여만 평 규모로 가장 넓다. 이 밖에도 팔공산 서편 가산 정상부의 고위평탄면과 비슬산 정상부의 고위평탄면도 꽤나 넓은 편이다. 약 30만 평에 달하는 비슬산의 고위평탄면은 경산시

그림 11. 비슬산 고위평탄면의 참꽃 군락지(위)와
천연기념물 제435호인 비슬산 암괴류와 주변 애추사면(아래)

그림 12. 복원된 비슬산 대견사와 주변의 토르 지형경관

하양읍에 위치하는 대구가톨릭대학교 캠퍼스 부지와 비슷한 규모이며, 24만 평에 달하는 경북대학교의 캠퍼스보다는 조금 더 넓다.

그러면 이러한 고위평탄면은 어떻게 해서 만들어졌을까? 간단하게 말하면 지금 우리가 살고 있는 평지가 지각변동으로 융기를 해서 나타난 결과이다. 그래서 평탄면 주변은 경사가 매우 급하며, 이러한 지형적인 특성 때문에 외적을 막는 방어기지인 산성으로 활용하기에 좋다. 예를 들면 대구의 최정산, 가산, 비슬산, 구미의 금오산 등이 이러한 지형에 해당한다. 특히 가산과 금오산에는 산성이 축성되어 예로부터 전략적 요충지로 활용되어 왔다.

한편 화산암으로 구성된 비슬산 최고봉(1,084m)은 2014년 7월 24일 개최된 국가지
명위원회의에서 잘못 붙여진 대견봉 대신 원래 지명인 천왕봉으로 바로잡혀 비슬
산의 정체성을 확립시키는 쾌거를 이루기도 했다. 이야기로만 전해지던 대견사도
복원되었다. 전해지는 바에 의하면 '대견사(大見寺)'는 '큰 나라에서 본 절터'라는 의
미로 해석된다. 신라 때, 큰 나라에 해당하는 당나라의 유명한 승려가 세수를 할 때
대야의 물에 비친 절터를 찾아 신라에 오게 되었다. 그리고 비슬산에 이르러 지금의
대견사 자리에서 자신이 찾고자 했던 절터를 만나게 되었다. 그래서 그곳에 절을 짓
고 '대견사'라 명명했다고 한다. 전설처럼 전해 내려오던 사찰인 대견사 지역의 한
연구기관에서 '대견(大見)'이라고 쓰여진 기와를 발굴함으로써 그 실존과 위치를 확
인할 수 있었다.

불의 기운이 넘쳐 나는
앞산

앞산의 지명 유래에 관해 명확한 설명은 없다. 전하는 바에 의하면 풍수용어인 '안
산(案山)'이 앞산으로 자연스레 불리게 된 것이라 하나, 설득력이 없다. 다만 일제강
점기 당시 조선총독부에서 제작한 지도에 '전산(前山)'으로 기록한 경우가 있는데,
이는 앞산을 한자 차용한 것에 불과하다. 또한 이중환의 『택리지』에서는 대구의 비
파(琵琶)산에는 바위에서 샘물이 솟아 나오는 '석정(石井)'이 있다고 하면서 앞산의
지명을 비파산으로 기록하고 있는데, 여기서 언급한 비파산은 비슬(琵瑟)산에 대한
오기로 판단된다. 그런 탓인지 대구와 관련된 지도에는 앞산 일부를 비파산으로 표

그림 13. 비슬산괴의 한 부분인 앞산 정상부 (앞산 능선 헬기장에서 촬영)

현한 경우도 있다.

1530년 발간된 『신증동국여지승람』에 보면 앞산을 성불산(成佛山)으로 기록하고 있다. 또한 『신증동국여지승람』「대구도호부」'산천조'에는 다음과 같은 내용이 있다. "연귀산은 부의 남쪽 3리에 있는데 대구의 진산이다. 세상에서 전하기를 '읍을 창설할 때 돌거북을 만들어 산등성이에 머리는 남향으로, 꼬리는 북향으로 하여 묻어 지맥을 통하게 한 까닭에 연귀'라고 일컫는다고 한다." 여기서 돌거북을 조각하여 묻은 까닭은 앞산이 불의 기운이 강해 대구지역에 불이 날 개연성이 크기 때문에 불로 인한 재난을 막기 위해서라고 한다. 선조들은 이미 앞산이 화산 폭발로 이루어 졌음을 알고 있는 듯하다. 실제로 앞산 정상 등산로에는 용암이 흘러가다 식어서 형 성된 기둥 모양의 주상절리가 관찰되고 있다.

불의 이야기를 할 때 단골로 등장하는 것이 서문시장의 화재 사건이다. 과거에 서 문시장은 지금보다 동편에 위치해 있었다. 대구에는 1923년 대구읍성 서문 앞에 자리했던 서문시장을 지금의 자리로 이전하려고 할 때의 이야기가 전해 온다. 당 시 지금의 서문시장 자리는 천왕당지라는 못이 있었다. 서문시장을 옮기려는 계획 이 서고 천왕당지를 메우려 할 때, 서문시장 이전 관계자의 꿈에 백발의 수염을 가 진 신선(어떤 이야기에는 천왕당지 용이 나타났다고 하는 사람도 있음)이 나타나 "이곳 은 내가 사는 곳인데 못을 메우지 마라!"라고 했다 한다. 그래서인지 서문시장에 큰불이 날 때면 이 이야기가 떠돌기도 한다. 물론 인재라는 것은 안전에 대한 소홀 한 마음가짐에서 비롯되는 경우가 절대적이라 믿기는 어렵지만, 그렇다고 흘려 버 릴 일도 아니다.

02

세계적인 자랑거리
팔공산의 문화지형과 스토리텔링

팔공산이 세계적인 명산임은 수려한 경관은 차치하고라도 팔공산에 오롯이 녹아 있는 명품 스토리에서도 잘 알 수 있다. 역대 왕들과의 깊은 인연은 물론이고 당대 내로라하는 성현과 명사들이 다녀갔거나 인연을 가진 곳이 팔공산이다.

신라 선덕여왕과 부인사 이야기를 비롯하여 고려 태조 왕건의 공산전투, 광종의 도덕암 어정약수, 조선의 숙종·영조·정조와 파계사의 관계 등 여러 왕과 깊은 인연을 가지고 있다. 또한 명사들로는 김유신, 원효, 설총, 심지, 일연, 매월당 김시습, 사명대사, 퇴계 이황, 추사 김정희 등 이루 헤아릴 수 없을 정도이다. 그러나 무엇보다도 팔공산을 품위 있게 지켜 주는 것은 벼슬을 멀리한 선비와 민초들이 즐겨 찾던 곳이라는 데 있다.

보물 제431호

관봉석조여래좌상(갓바위)

일명 갓바위로 불리는 보물 제431호인 팔공산 관봉석조여래좌상. 이 갓바위에 지극정성으로 기도하면 한 번의 소원은 들어준다는 속설 때문에 많은 사람이 찾는다. 불상의 왼손에 작은 약 항아리를 들고 있어 약사여래불로 판단된다. 평면적 신체 탄력성이 약해 8세기의 불상과는 구별되는 9세기 불상의 특징을 보여 준다. 흰빛의 화강암으로 이루어진 토르 지형을 조각하여 만들었다. 이 갓바위가 있는 관봉 정상부 약 80평 남짓 면적에는 연간 수백만 명에 달하는 방문객이 찾고 있다고 한다. 가히 세계 최고의 장소성을 가진다고 하겠다.

그림 14. 한 가지 소원은 반드시 들어준다는 보물 제431호 관봉석조여래좌상(갓바위)

갓바위의 조성과 관련해서는 흥미로운 이야기가 전해진다. 신라의 의현스님은 돌아가신 어머니의 극락왕생을 바라는 마음에서 밤낮을 가리지 않고 열심히 불상을 조각하였다. 부모님에 대한 의현스님의 지극정성이 하늘에 닿았는지 밤에는 학들이 날아와 추위를 막아 주고 3끼 음식도 학이 가져다주었다. 그렇게 해서 의현스님은 불상을 완성하게 되었다고 한다. 경산 와촌에도 갓바위와 관련한 이야기가 전해진다. 가뭄에 짚을 가져다 갓바위에 불을 질러 까맣게 태우면 하늘의 용이 놀라 갓바위 부처를 씻기 위해 비를 내린다고 한다.

대구·경북 지역민들은 통이 커서 그런지 몰라도 세계적인 갓바위를 그냥 대수롭지 않게 여기는 것 같다. 아마도 갓바위가 다른 지방에 존재했다면 벌써 세계문화유산에 등재되었을 것이고 세계적인 관광지로 발전했을 것이다. 불행인지 다행인지는 모르겠으나, 우리 지역에 있는 바람에 그저 대수롭지 않은 정도로 여겨질 뿐이다. 없는 것도 만들어 알리는 시대에 있는 것조차도 방치하는 것 같아 마음이 언짢다. 하기야 660m에 달하는 산도 그냥 앞에 있다고 '앞산'으로 부르는 지역민이니 말해 무엇 하겠는가. 아무래도 우리 지역민들이 대범해서 그런 모양이다. 그런데 걱정은 된다. 21세기 글로벌 시대에는 이러한 마음가짐으로는 성장할 수 없다. 대구·경북인이 지금보다는 좀 더 악착같이 살 필요가 있다.

연경동의
화암(畵巖)

조선시대 대구지역에 관해 상세하게 기록한 지역지리지인 『대구읍지』 '제영(題詠) 편'에 보면 퇴계 이황 선생이 지었다는 한시 '연경화암(硏經畵巖)'이 실려 있다. 이

그림 15. 퇴계 이황 선생이 읊은 '연경화암' 한시에 등장하는 연경동의 화암

시에서 퇴계 선생은 "화암의 좋은 형승(形勝) 그리기도 어렵다."라고 표현하였다.
말 그대로 화암인 것이다. 또한 '산천(山川)편'에서는 화암에 대해 다음과 같이 설명
하고 있다. "부의 북쪽 15리쯤에 있다. 붉은 벼랑과 푸른 암벽이 높이 솟아 가파르
다. 기묘한 형상들이 화폭을 펼쳐 놓은 듯하여 사람들이 화암이라 부른다."
화암은 팔공산에서 발원한 동화천이 연경동 앞을 휘감아 도는 곳에 위치한 강가 바
위절벽으로, 학술용어로는 하식애(河蝕崖, river cliff)라 부른다. 화암의 하층부는 약
간 붉은빛을 띠는 사암 또는 세일층인 반면, 상층부는 역암층으로 이루어져 있다.

지금으로부터 약 1억 년 전 호수에서 형성된 퇴적암으로 현재 대구분지의 대부분을 구성하는 중생대 백악기 퇴적암과 같은 암석이다.

따라서 화암은 팔공산이 화강암으로 구성되어 화려한 외양을 보이는 것과는 달리 약간 어두운 색상을 띠고 있지만 기묘한 외양으로 시선을 끈다. 벌집 모양의 풍화혈인 타포니(tafoni, 벌집바위)와 상층부의 돌출 부위(일부는 동화천 변 도로 공사 때 발파 작업으로 훼손됨)로 인한 기묘한 형상은 화암을 예로부터 중요한 지형경관으로 인식케 하는 원인이었던 것으로 판단된다. 화암은 그 앞을 흘러가는 동화천과 조화를 이루며 수려한 경관을 연출하고 있어, 마치 한 폭의 동양화 속에 있는 듯하다.

이렇게 소중한 지형경관임에도 불구하고 화암은 최근까지도 산악인들의 암벽 등반지로 이용되어 왔을 뿐만 아니라 왕복 2차선 도로에 접해 있어 차량에서 배출되는 매연으로 많이 변색되었다. 또한 관리가 제대로 이루어지지 않아서 화암 곳곳에는 페인트나 조각용 도구로 사람들의 이름이 새겨져 있어 참으로 안타깝다.

한편 화암 옆에 있었다고 전해지는 연경서원은 대구지역에서 최초로 설립된 서원으로 그 의미가 크다. 연경서원 터에 대한 정밀 조사와 발굴을 토대로 서원 복원이 시급히 이루어져야 하는 이유가 여기에 있다. 물론 필자를 비롯한 몇몇 단체와 학자들에 의해 연경서원 복원과 관련한 학술 발표도 있었으나 아직은 신통치 않다. 말로만 '교육도시', '학자지향(學者之鄕)', '전통과 환경을 중시하는 환경문화도시'라 내세울 것이 아니라, 이러한 부분에 귀 기울이고 실천하는 것이 먼저일 것이다.

원효와 김유신의 얼이 깃든
팔공산 돌구멍절(중암암)

자연바위로 이루어진 석문(천왕문)을 지나야 암자로 들어갈 수 있어 '돌구멍절'이라는 이름이 붙은 중암암 주변에는 건들바위, 만년송, 삼인암, 극락굴, 장군수 등 전설을 담고 있는 볼거리들이 많다. 중암암 경내에 비치된 안내판에 있는 내용을 정리하여 소개하면 다음과 같다.

어느 날 밤 암자 뒤편 바위에서 요란한 소리가 들려 주지스님이 밖으로 나가 보았다. 사람은 보이지 않고 큰 바위가 금방이라도 암자를 덮칠 듯이 움직이는 것 같아 부처님께 빌었다. 그러자 바위가 원래 위치보다 훨씬 위쪽으로 옮겨 앉았다. 바로 이 바위가 중암암 삼층석탑 뒤편에 위치한 건들바위이다.

중암암에서 약 200m 정도 위로 올라가면 뿌리는 하늘을 향해 바위틈에 붙어 있고 가지는 땅을 향해 자라 수평으로 길게 굽어져 있는 소나무가 있는데, 이를 만년송이라 부른다.

삼인암은 암자 법당 뒤 봉우리에 바위 3개가 나란히 놓여 있는 것으로 여기에는 두 가지의 전설이 전해 온다. 하나는 옛날 어느 처녀가 자식이 귀한 집에 시집을 갔으나 아이를 낳을 수가 없었다. 그래서 효험이 있는 약과 정성을 아끼지 않았으나 대를 잇지 못하였다. 하루는 스님이 딱한 사정을 듣고 정성을 드리라고 하면서 현재의 삼인암 장소를 알려 주었다. 부인은 여기에서 치성을 드린 끝에 삼형제를 낳게 되었고, 그래서 삼인암이라는 이름이 생겨났다고 한다. 또 다른 전설에 따르면, 삼형제 또는 친구 세 사람이 이곳에 와서 정성을 드리고 힘써 정진하여 모두 뜻하는 바를

그림 16. 팔공산 북사면에 위치하는 은해사(대한불교조계종 제10교구)의 말사 중암암 일대에 발달하는 문화지형
왼쪽 상단에서 시계 방향으로 천왕문, 삼인암, 극락굴, 만년송

이루었다고 하여 삼인암이라는 이름이 붙게 되었다고 한다.

극락굴은 신라의 원효대사가 화엄론을 집필할 때, 풀리지 않는 의문이 있어 이 굴에서 화엄경 약찬계를 외우다 화엄삼매에 들어 불빛을 발산하였는데, 그 힘으로 바위가 갈라지고 그 소리에 의문이 풀려 화엄론을 완성했다는 전설이 전해 온다. 그 후 조선 말기 영파스님이 화엄강백(華嚴講伯)으로 유명했는데, 이 굴에서 어느 여름날 정진하다가 삼매에 들어가는 바람에 학인들 강의 시간을 놓치고 말았다. 밤이 늦도록 스님이 오지 않자 큰절 대중들이 모두 찾으려고 나왔는데, 그제야 큰스님이 굴속에서 나오는 것을 보고 여러 스님들이 공부를 열심히 했다고 한다.

근래에 와서 이 도량에서 공부를 하거나 어떤 소원을 이루기 위해 청정히 계를 지키고 기도하면 잘 이루어진다고 하여 명성이 자자하다. 특히 부처님의 가르침을 바로 알기만 한다면 이 극락굴은 몸이 아무리 굵어도 통과할 수 있으며, 세 번을 돌면 소원을 이룬다고 한다.

장군수의 경우, 신라의 김유신 장군이 17세 되던 해 화랑시절 이곳 돌구명절에서 심신을 수련할 때 즐겨 마신 물이라는 데서 연유한다고 전해 온다.

삼국 통일의 대업을 이룬

김유신의 팔공산(중악) 석굴

17세의 젊은 나이에 김유신은 중악(팔공산)의 석굴에서 삼국 통일의 위업을 위해 도를 닦던 중 '난승'이라는 도인(신선)을 만나 비법을 전수받는데, 바로 그 석굴이 팔공산에 있다고 한다. 오도암의 원효굴(서당굴)이라 하기도 하고, 불굴사의 원효굴이라 하기도 하고, 중암암의 극락굴이라 하기도 하는데, 모두 일리가 있다.

그림 17. 명마산의 장군바위(위)와 중암암 인근의 장군폭포(아래)

특히 불굴사의 원효굴에서 김유신이 도를 닦고 나올 때, 맞은편 산에서 흰 말이 울면서 하늘로 올라가는 것을 보았다고 하여 '명마산(鳴馬山)'이라 명명된 산 정상부에는 희귀한 바위가 있다. 마치 장군의 단검 같기도 하여 이곳에서는 '장군바위'로 부르고 있다. 이런 것을 보면 김유신 장군이 도를 닦았다는 중악의 석굴이 불굴사의 원효굴이 아닌가 싶기도 하다. 그러나 중암암의 경우에도 극락굴, 장군수, 인근의 장군폭포 등 김유신과 관련된 설화가 많아 명확하지 않다.

불굴사의
원효굴

대한불교조계종 제10교구 본사인 은해사의 말사 불굴사에 위치한 원효굴은 일명 홍주암(紅珠庵)이라고 한다. 신라의 원효가 최초로 수도 정진을 하던 곳이며, 김유신이 17세 때 통일 대업을 바라면서 수련했다는 이야기가 전해 오는 곳이다. 원효굴 내부에는 '아동제일약수(我東第一藥水)'라는 글귀가 조각되어 있어 좋은 약수가 있음을 암시해 준다. 이 약수는 신장병과 피부병에 효험이 있다고 알려져 있다.

불굴사는 690년(신라 신문왕 10년)에 창건되었지만 1736년(영조 12년) 큰 홍수로 산사태가 발생해 사찰이 소멸되었다. 이후 전남 순천 송광사의 한 노승이 현몽하여 이곳으로 와 중건했다고 한다. 조선시대 건물인 약사보전에는 약사여래입상(경상북도 문화재자료 제401호인 석조입불상)이 모셔져 있다. 이 약사여래입상 역시 1736년 홍수로 매몰되었으나, 순천 송광사 노승의 꿈에 현몽한 것을 토대로 발굴에 들어가 다시 찾아낸 것이라 한다.

한편 불굴사의 약사여래입상이 족두리를 쓴 여성상(陰)을, 선본사의 갓바위가 갓을

그림 18. 불굴사의 원효굴(위)과 석조입불상(아래)

쓴 남성상(陽)을 상징한다 하여 인근 마을 이름인 음양리(陰陽里)의 유래가 되기도 하였다. 그래서 양의 기운을 품은 선본사 갓바위와 음의 기운을 품은 불굴사의 석조 입불상에 같은 날 찾아가 기도를 드리면 소원성취를 이룬다는 이야기도 전해진다.

신라 도선국사의
가산바위

가산산성 동문에서 서편으로 약 1.5km 떨어진 곳에 위치한 가산바위는 변성퇴적암으로 이루어져 있으며 상부가 평평하다. 약 250여 평에 달하는 가산바위 상부에는 십자형의 절리(길게 갈라진 균열선)가 발달하고 있다. 어느 날 이곳을 찾은 신라의

그림 19. 화강암이 아닌 변성퇴적암으로 이루어진 가산바위

도선국사가 십자형 절리 틈 사이로 쇠로 만든 말과 소를 묻어 땅의 기를 잡았다고
한다. 풍수적으로 중요한 의미를 가지는 터로 인식되고 있다.

연화대좌 아래 용이 조각된
국내 유일의 불상

팔공산 주봉에서 삼성봉(서봉) 쪽으로 걷다 보면 능선길 바로 위에 통일신라시대에
조성된 것으로 판단되는 '팔공산 마애약사여래좌상(대구시 유형문화재 제3호)'이 위
치한다. 불상 뒤편과 주변에는 10여m 높이의 화강암 절벽바위(토르)가 이어져 있어
불상과 더불어 조화로운 경관을 연출한다.

일반적으로 불상 아래 대좌에는 연꽃무늬가 조각되어 있다. 그런데 특이하게도 이
불상에는 연꽃으로 조각된 연화대좌 아래 좌우에 청룡과 황룡이 조각된 모습을 볼
수 있다. 연화대좌 아래 용이 조각된 모습은 대체로 두 가지로 해석할 수 있다. 하나
는 신라시대 토속적인 산악신앙과 불교사상이 융합되어 나타난 것으로 볼 수 있다.
다른 하나는 부처가 곧 왕이라는 의미에서 용의 모습을 조각한 것이라 판단된다.
이러한 형식의 불상은 국내에서는 유일하다. 어떻게 보면 이 자체만으로도 국보급
이지만, 안타깝게도 국보로 지정되어 있지는 않다. 널리 홍보할 필요가 있다고 생각
한다.

군위삼존석굴
(제2석굴암)

경북 군위군 부계면에 위치하는 국보 제109호인 '군위삼존석굴'은 화강암 절벽 동

그림 20. 연화대좌 아래 국내에서 유일하게 쌍용이 조각된 팔공산 마애약사여래좌상

그림 21. 우리나라 최초의 석굴사원인 군위삼존석굴(국보 제109호)

굴 안에 삼존불을 모셔 두고 있다. 가운데에 본존불인 아미타불을, 좌우에 관세음보살과 대세지보살을 모셨다. 본존불인 아미타불은 좌선할 때 오른손을 풀어서 오른쪽 무릎에 얹고 손가락으로 땅을 가리키고 있는 모습(항마촉지인)을 하고 있다. 이 삼존석굴은 조성 연대가 통일신라 초기인 7세기 말로 추정된다. 경주 토함산에 있는 석굴암보다 조성 시기가 반세기 내지 1세기 정도 앞선다는 설이 있어 국내 석굴 사원의 효시로 유명세를 타고 있다.

그렇지만 석굴암보다 앞선 시기에 조성되었음에도 불구하고 '제2석굴암'이라는 별칭이 있어 합리적이지 못하다. 제2석굴암이라는 별칭보다는 '군위삼존석굴'로 부르는 것이 타당하며, 그렇게 불릴 수 있도록 지역민 모두가 노력해야 할 것이다.

팔공산의

수태골(受胎谷)

팔공산 수태골은 대구시민들이 가장 많이 찾는 곳이다. 수태골을 통해 팔공산의 주봉, 동봉(미타봉), 삼성봉(서봉) 등으로 연결되는 덕에 많은 등산객이 이용한다. 수태골 입구에는 수태지라는 못이 하나 있다. 이 수태골과 수태지에 얽힌 이야기를 소개하면 다음과 같다.

옛날 한 부인이 아기를 갖지 못해 매일 근심에 사로잡혀 살던 중, 희고 긴 수염을 가진 노인이 부인에게 나타나 팔공산 부인사(符仁寺, 夫人寺) 근처에 있는 수태골의 위치를 가르쳐 주면서 말했다. "부인, 수태골을 찾아가서 백 일 동안 정성껏 기도를 올리면 부인이 그토록 원하는 아이를 가질 수 있소." 그래서 그 부인은 노인이 말한

살고 싶은 그곳, 흥미로운 대구 여행

그림 22. 팔공산 수태지(뒤편의 산세 모양이 아기를 밴 여자 모습이다.)

대로 이 골짜기를 찾아가서 백 일 동안 기도를 드렸더니 신기하게도 아이를 갖게 되었다. 그래서 이곳을 수태골이라 부르게 되었고, 수태골 앞의 연못을 수태지라 불렀다고 한다.

수태지 전면에서 팔공산 정상을 바라보면 마치 아이를 밴 여자가 누워 있는 형상을 보여 수태지의 의미를 더해 준다.

부인사(夫人寺), 파계사(破戒寺), 수태골(受胎谷)에 얽힌
우스개 이야기

수태골에 얽힌 또 다른 이야기도 전해져 온다. 아주 오랜 옛날 한 사찰에서 정진 중이던 승려가 인근의 사찰을 방문하게 되었다. 이 승려는 때마침 절을 찾아온 한 부인과 사랑을 하게 되었고, 이후 부인은 아이를 갖게 되었다. 이에 부인에게 아이를 갖게 한 승려는 파계승이 되어 그가 몸담고 있던 사찰을 파계사라 하였다 한다. 그리고 부인이 찾아갔던 절은 부인사가 되었고, 그 부인이 아이를 가진 곳은 수태골이라 하였다고 한다.

서쪽 변경의 낙동, 동·서의 금호 남·북의 신천과 동화천

01

황산하(黃山河)라 불렸던
영남의 젖줄 낙동강

낙동강을 일컬을 때, 우리는 흔히 낙동강 1,300리라고 한다. 낙동강의 발원지로 보는 강원도 태백시 황지(黃池)에서 남해로 흘러들어 가는 낙동강 하구까지의 개략적인 거리를 말하는 것이다. 그런데 황지는 고문헌상에 기록된 발원지일 뿐이다. 학문적으로는 주장하는 논리에 따라 여러 곳이 거론된다.

예를 들면 김우관 경북대학교 명예교수가 주장하는 함백산 은대봉(1,442.3m) 아래의 너덜샘을 비롯하여 용소(龍沼, 너덜샘이 복류하여 약 3~4㎞ 아래인 태백시 화전동 용수골에서 솟아올라 이루어 놓은 소), 용정(龍井, 만경사에 위치하며, 낙동강 발원지 중 가장 높은 곳에 위치하나 지표 아래로 흘러 반재에서 당골의 계곡으로 이어짐), 용담(龍潭, 당골 광장 옆 청원사 경내에 있는 연못) 등이 발원지로 지목되는 곳이다.

이 중에서도 가장 설득력이 있는 발원지는 너덜샘과 용소이다. 발원지는 솟아나는 샘이 존재해야 하고 지표 위로 흘러가는 것이라는 좁은 의미의 발원지 개념에서 판단해 볼 때, 낙동강의 발원지는 용소가 된다. 그러나 용소의 수원 공급원은 너덜샘

이어서, 넓은 의미에서 본다면 낙동강의 발원지는 너덜샘이 된다.

낙동강은 시대에 따라 또한 지역에 따라 여러 가지 이름으로도 불려 왔다. 예를 들면 최치원의 『계원필경집』에는 황산강(黃山江)으로, 이규보의 『동국이상국집』에서는 낙동강과 황산강으로, 김부식의 『삼국사기』에는 황산하(黃山河)로, 일연의 『삼국유사』에서는 황산진(黃山津) 또는 가야진(伽倻津)으로 기록되어 있다. 1760년대에 발간된 『대구읍지』에서는 인근 주민들이 '노다강(老多江)'으로 부르기도 했다. 『증보문헌비고』 칠곡편 산천조와 『여지도서』에서도 "낙동강을 칠곡에서는 소야강(所也江)으로 부르며, 일명 공암진(空巖津) 또는 고도진(孤棹津)이라고도 부른다."라고 기록하고 있다.

18세기 『칠곡부읍지』 지도에는 "소야강(所也江)으로도 부른다."라고 기록하고 있다. 『동국여지승람』에는 낙수(洛水)로도 표기되어 있다. 본래 낙동이란 가락의 동쪽이라는 데에서 유래되었다고 한다. 여기서 말하는 가락은 가야국에 해당했던 경북 상주(낙양)로, 낙동은 상주의 동쪽을 의미한다.

길이 525.15km로 압록강(鴨綠江) 다음으로 큰 규모를 보이는 낙동강은 유역면적이 약 23,560km^{2}에 달해 남한 면적(99,475km^2)의 약 1/4에 해당한다. 낙동강의 주된 유로는 태백에서 안동까지 대체로 남쪽 방향을 따라 흐른다. 안동 부근에서는 반변천을 비롯한 지류들을 합류하여 서쪽으로 방향을 돌려 함창과 점촌 부근에 이른다. 이후 내성천과 영강 등 여러 지류를 합류하여 다시 남쪽으로 흐른다. 의성 부근에서는 위천을, 선산 부근에서는 감천을, 대구 부근에서는 금호강을 각각 합류한다.

낙동강은 경상남도로 들어와 황강, 남강을 합류한 뒤, 유로를 동쪽으로 돌려 삼랑

그림 23. 대구 서쪽 경계 화원유원지 성산에서 내려다본 낙동강 모습
(중앙부 모래톱을 중심으로 왼쪽이 낙동강, 오른쪽이 금호강)

진 부근에서 협곡을 이룬다. 이후 밀양강을 합류하여 김해, 부산을 거쳐 남해로 흘러간다.

낙동강의 지류인 금호강, 감천, 내성천, 위천의 양안에는 비옥한 충적지가 발달하며 이와 관련하여 풍기, 영주, 예천, 김천, 경산 등의 도시가 발달하였다. 또한 낙동강은 삼랑진을 지나서 양산천을 합류하여 남해로 유입하면서 남지, 하남, 대산, 진영, 밀양, 김해 등지에 충적평야를 만들어 놓았다. 이들 평야는 고도가 10m 내외로

잦은 수해를 입어 왔으나 수리시설이 정비되면서 곡창지대로 발전하게 되었다. 과거에는 낙동강 하구로부터 바닷물이 삼랑진 이북까지 역류하였으나, 1987년 을숙도에 낙동강하구둑이 건설되면서 바닷물이 흘러들지 않게 되었다.

02

가야금을 뜯는 소리와 같아
금호(琴湖)라 이름 짓고

금호강 유역의 지세는 북부가 1,000m 내외의 팔공산지이고 남부는 비슬산(1,084m)을 제외하고는 600m 내외의 비교적 낮은 산지로, 북쪽이 높고 남쪽이 낮은 북고남저의 지형적 특성을 보인다. 금호강 수계의 북쪽은 위천 유역으로 팔공산(1,193m), 화산(828m), 보현산(1,124m), 면봉산(1,074m), 구암산(807m)을 분수령으로 하여 경계를 이룬다. 남쪽으로는 밀양천 수계와 삼성산(662m)을 잇는 산능선과 경계를 이루며, 동쪽으로는 형산강 수계와 700m 정도의 산지로 경계를 이룬다.

낙동강의 지류인 금호강도 자체에 10여 개의 지류를 가지는 큰 하천이다. 최상류부인 포항시 죽장면 가사령과 성법령에서 발원하여 남서쪽으로 흐르면서 영천군 임고면에서 고현천과 신령천을 합류한다. 다시 서쪽으로 흘러 대구시 달성군 성산리 화원유원지 부근에서 낙동강으로 유입한다. 금호강은 유역면적 2,053.3km², 총 길이 117.5km로 낙동강 최대 지류에 해당한다.

금호강(琴湖江)의 어원은 지명에서도 느낄 수 있듯이 가야금과 호수가 합해진 이름이다. 금호강의 중류인 금호의 지세가 낮고 평평하여 이곳을 흐르는 금호강이 마치 호수처럼 잔잔하다는 의미와, 강가의 갈대가 바람에 흔들릴 때 나는 소리가 가야금을 뜯는 소리와 같다고 한 데서 '금호'라는 지명이 유래된 것이다.

영천, 경산, 대구시를 유유히 흐르는 금호강은 강의 규모만큼 인구도 많아 현재 약 300만 명의 유역인구를 가진다. 현재와 같이 거대 인구는 아니지만 조선시대만 해도 상당한 인구가 금호강 유역에 터전을 잡고 살았으며, 이러한 터전에서 살아온 우리 선조들은 금호강과 관련된 내용들을 많이 기록해 두었다.

그중에서도 조선 초기 대유학자로서 명성을 떨친 서거정이 읊은 한시인 '대구십영'에는 제1영으로 금호강 뱃놀이[금호범주(琴湖泛舟)], 제8영으로 노원에서 그대를 보내며[노원송객(櫓院送客)] 등 금호강과 관련된 시들이 있다.

제1영에 대해 살펴보자. 역사적 자료에 의하면, 금호강은 주변 경관의 조화로움은 물론 그것의 물이 맑고도 풍부하여 예로부터 많은 시인묵객들의 발길이 끊이지 않았다. 고즈넉한 금호강 변 절벽에 위치했던 소유정, 압로정, 세심정, 환성정, 관어대에서는 많은 선비들이 시문을 나누었다. 맑은 물에는 어종도 다양하고 풍부하여 강태공들이 끊일 날이 없었으며, 맑은 날 달밤에는 손님을 실은 놀잇배가 제법 성시를 이루기도 했다.

제8영 '노원에서 그대를 보내며(櫓院送客)'를 살펴보자. 노원은 현재의 3공단이 있는 금호강 언덕과 팔달교 남쪽에 해당된다. 이곳은 과거에는 나루터와 주변의 넓은 백사장과 팔달교의 밤숲, 주막 등이 어우러져 길손들의 휴식처로서 그리고 대구 북부지역의 관문으로서 중요한 곳이었다. 또한 이곳은 한양으로 가는 길목으로, 교통이 발달하지 못했던 과거에는 떠나가는 배를 보면서 또는 나무다리 위에서 떠나가

그림 24. 동구 율하동 금호강 변

는 님을 보내던 이별의 장소였다. 이러한 이별은 한양 천 리 길로 과거 보러 떠나는 낭군을 눈물로 보내던 아낙의 애환이 서린 이별이기도 하지만, 때로는 보다 나은 삶을 영위하기 위해서 일가족 모두가 고향을 등지던 한 많은 이별이기도 하였다. 그러나 이처럼 이별과 만남의 희로애락이 깃든 나무다리, 밤숲, 나루터, 백사장, 주막, 대로변의 푸른 버드나무는 산업화와 도시화의 과정에서 사라진 지 오래이다.

대구시 달성군 화원읍 성산리와 고령군 다산면 호촌리를 이어 주는 사문진나루터는 1993년 사문진교가 준공되면서 나루터로서의 기능을 상실하여 당시의 정겨운 모습은 찾을 길이 없다. 사문진나루터는 조선 성종 때 왜물고(倭物庫)가 있어서 대일무역 중심지로서뿐만 아니라, 부산의 구포와 경북 안동을 연결해 주는 낙동강 뱃길의 중간 기착지로서도 중요했다. 또한 동촌유원지 일대는 필자에게 어린 시절 멱감던 기억과 더불어 구름다리와 유람선 그리고 겨울철에 얼음 지치던 기억들이 남아 있는 곳이다.

생태계의 보고
금호강의 습지 : 안심·팔현·달성 습지

대구분지를 동에서 서로 흘러가는 금호강은 대구의 중심 하천이다. 가을날 금호강변을 거닐다 보면 무성한 갈대숲에 바람이 불어 일어나는 소리가 마치 가야금을 뜯는 소리처럼 들린다. 맑고 투명한 금호강의 물결은 잔잔하여 가히 호수라 부를 수 있을 만하다.

금호강은 하천습지의 천국이다. 특히 안심습지, 팔현습지, 달성습지는 금호강을 대표하는 습지로 지역민들에게는 훌륭한 생태공간을 제공해 준다. 습지란 연중 물에 잠겨 있거나 주기적으로 물에 잠기는 땅을 말한다. 1971년 이란의 람사에서 채택된 람사협약에 의하면, 물의 깊이가 6m를 넘지 않는 모든 지역을 습지로 규정하고 있다. 습지는 물과 육지에서 살아가는 다양한 생물들이 서식하여 유전자 자원의 보고이며, 자연적 또는 인위적으로 발생하는 오염물질을 생물학적으로 깨끗하게 걸러주므로 지구의 콩팥에 비유되기도 한다. 또한 습지는 물을 저장함으로써 홍수와 가뭄을 방지하는 구실을 하며, 천연의 자연경관을 유지하여 생태관광지로서 활용할 수 있는 소중한 자원이다.

동구 대림동에 위치한 안심습지는 일제강점기 당시 제방을 축조하면서 하천 가장자리가 제방에 막히면서 생겨난 습지이다. 도시에서 보기 힘든 큰고니, 부엉이, 흰꼬리수리, 물닭을 비롯해 백로, 개개비, 해오라기, 가창오리, 원앙 등 다양한 동물과 생이가래 등 198종의 식물, 오소리 등 9종의 포유류, 버들치 등 12종의 물고기가 서식하는 것으로 보고되고 있다(경상일보, 2007. 03. 21.). 특히 주변의 연꽃단지는 한국을 대표하는 명소로 대구가 가지는 중요한 경관자원이다. 대구시의 의지와 주민의 협조가 보태진다면 세계적인 명소로 부각시킬 수 있는 곳이다. '나는 안심에서 세계의 모든 연꽃을 다 볼 수 있는 그런 날을 상상해 본다.'

안심습지가 대구권 금호강 상류에 위치한다면, 수성구 고모동 금호강 일원에 발달하는 팔현습지는 중류에 해당한다. 팔현습지는 도심지에서는 보기 드문 훌륭한 습지이다. 조수보호구역으로 지정된 이곳에는 왜가리가 집단 서식한다. 이 밖에 백로, 찌르레기, 물총새 등도 서식한다. 이 일대는 율하천이 금호강으로 합류하는 곳이어서 율하천과 금호강의 유속 차이로 인해 하천 퇴적지형이 나타난다. 원래 습지는 이러한 곳을 중심으로 잘 발달한다.

한편 팔현습지는 고려의 왕건과 후백제의 견훤이 인근 팔공산에서 벌인 공산전투에서 대부분의 군사를 잃고 홀로 도주에 나섰던 왕건이 금호강을 건널 때 지나갔을 것으로 추정되는 지역이기도 하다. 이처럼 팔현습지는 인근 금호강 변에 녹아 있는 또 다른 왕건의 흔적인 무태(서변동), 동화천(살내), 불로천 등과 함께 흥미로운 역사적 이야기를 구성해 낼 수 있어 생태환경은 물론 문화역사적으로도 중요한 곳이다.

금호강 최하류에 발달하는 달성습지는 대구지역 최대의 하천습지로 약 2km^{2}의 면적을 가진다. 낙동강, 금호강, 진천천, 대명천 등 4개의 하천이 합류하는 곳에 발달

그림 25. 금호강의 대표 습지

안심습지

팔현습지

달성습지

하고 있어 생태적으로도 매우 민감한 곳이다. 달성습지는 규모를 달리하는 이들 하천의 유속 차이로 인해 형성된 하천 퇴적지에 발달한다. 시베리아와 중국 등지에서 날아온 세계적 희귀종인 흑두루미와 재두루미가 월동지인 일본으로 가기 전에 잠시 들르는 월동 경유지로서 유명하다. 인근 대명유수지에는 희귀종인 맹꽁이가 집단 서식하고 있어 달성습지와 생태적 조화를 이루고 있다.

그러나 대구시에서 이곳에 자연 그대로가 아닌 인위적인 방식에 의한 개방형, 폐쇄형, 수로형 습지를 조성한 상태라 자연성을 기대하기는 쉽지 않게 되었다. 자연으로의 복원이라 함은 인위적인 영향을 차단시켜 주고 나머지는 자연에게 맡겨 두면 되는 것이다. 그런데도 대구시뿐만 아니라 우리나라의 모든 생태환경 복원에는 항상 이런 방식의 복원 기법이 도입되고 있어, 진정한 의미의 생태계 복원과는 거리가 먼 상황이다.

동변동의
화담(꽃밭소)

화담(花潭)은 금호강 변 하식애(바위절벽) 아래쪽에 형성된 일종의 소(pool)이다(그림 26). 이러한 예쁜 지명이 붙게 된 유래는 다음과 같다. 봄이 되면 화담 위의 하식애에는 진달래꽃이 흐드러지게 피었으며, 붉은색의 진달래꽃이 하식애 아래쪽 깊은 소에 비친 모습은 영락없는 넓은 꽃밭으로 보였다. 그래서 이곳 주민들은 이러한 광경을 보고 '화담' 또는 '꽃밭소'라고 부르게 되었다고 한다.

화담 건너편 검단동 토성이 위치하는 금호강 변의 낮은 언덕 절벽은 일종의 하식애로 '왕옥산(王屋山)'이라 불린다. 이곳에는 1561년 인천 채씨 채응린(蔡應麟) 선생이

그림 26~27. 동변동 금호강 변 하식애 아래의 화담(꽃밭소 / 위), 금호강 가 왕옥산에 자리 잡은 압로정(아래)

지은 압로정(狎鷺亭)이 있다. 을사사화의 참상을 겪고 관직에 회의를 느낀 그는 이곳에서 후학들을 가르치면서 유유자적했다고 한다. 당시에는 압로정 근처에 소유정(小有亭)도 존재했던 것으로 전해지나 현재는 압로정만 남아 있다. 압로정의 이름처럼 지금도 이곳 금호강 가에는 해오라기와 백로들이 먹잇감을 구하러 찾아오고 있어 옛 풍취를 느낄 수 있다(그림 27).

신라 임금이 꽃구경하러
아홉 차례나 들렀다는 화원

금호강이 낙동강으로 합류하는 지점에 위치하는 화원유원지(화원동산) 일대는 경관이 수려하고 예로부터 전략적 요충지였다. 하식애인 상화대(賞花臺, 성산)와 사문진 나루터(지금의 사문진교 자리) 등에는 많은 이야깃거리가 전해져 온다.

조선시대 초기 낙동강은 일본 사신과 상인들의 주요 통로로, 낙동강을 통해 유입된 각종 물산들이 상주, 안동, 문경새재, 충주를 거쳐 서울로 운송되었다. 특히 성종 때는 사문진나루터가 있던 화원에 왜물고(倭物庫)가 설치될 정도로 교역되는 물산이 많았다. 왜물고는 사무역이 아닌 공무역으로 인해 생겨난 일본 물산들을 보관하였다가 판매하는 창고였으며, 화원에 설치된 왜물고는 지명을 따라 '화원창'이라고 불렸다. 또한 달서구 파호동에는 '강창(江倉)'이 설치되어 대구 지역의 세곡을 거두어 보관하였다가 서울로 운송하였다. 파호동의 옛 이름이 '머무동' 또는 '머무강창'이었던 것은 금호강으로 올라오던 소금배가 머무는 동네였기 때문이다. 과거 이곳에는 뱀과 조개가 많이 서식하고 있어서 조개와 뱀 간에 치열한 다툼도 있었다는 설화가 전해 내려온다.

그림 28. 금호강이 낙동강으로 합류하는 곳에 발달하는 상화대와 화원유원지

'사문진(寺門津)'이란 이름은 신라시대 이 포구를 중심으로 양쪽으로 많은 절이 있었던 데서 유래했다는 설도 있으나 알 수 없는 일이다. 1960~1970년대에는 사문진 나루터를 통해 나룻배(뒤에는 동력선으로 개조됨)를 타고 화원읍 성산리와 고령군 다산면 주민들이 왕래하기도 했다. 필자도 부친의 고향이 고령군 다산면이라 어릴 때 사문진나루터를 가끔 이용했던 기억이 아련하게 남아 있다.

사문진나루터 옆 화원유원지가 위치하는 성산(城山, 토성이 있다는 의미에서 유래된 지명)에는 고대 토성이 있는데, 모양이 술잔과 같아 '배성(杯城)', '잔뫼', '웅달성(雄達

城)' 등으로 불린다. 신라의 왕(경덕왕 또는 애장왕이라고 전해 옴)은 가야산에서 병으로 수양 중인 세자를 문병하러 갈 때면 이곳 성산에 들러 성산 정상부에 행궁을 두고 경치를 즐겨 상화대(賞花臺)라 명명했다고 한다(그림 28). 특히 이 신라 왕은 이곳 경치에 매료되어 9차례나 들렀는데, 들를 때마다 마을에서 빛이 환하게 났다고 하여 '구래리(九來里)' 또는 '구라리(九羅里)'라는 지명이 생겼다고 한다. 그리고 신라 왕이 반할 정도로 풍경이 압권인 이곳의 지명은 이름조차도 꽃으로 가득한 '화원(花園)'이다.

사문진나루터가 있었던 현 사문진교와 인근 화원동산 주변은 낙동강, 금호강, 진천천이 합류하는 곳으로 생태적으로 민감할뿐더러 경관 또한 수려하다. 상화대에서 바라보면 달성습지와 흰 백사장, 푸른 낙동강 물이 어우러져 탁월한 경관을 연출한다. 빼어난 경치 탓에 예로부터 많은 시인묵객들이 찾아왔으며, 그들이 읊은 한시 '상화대십경(賞花臺十景)'은 꽤나 유명하다. 조선 중·후기 대구의 유림들이 이곳 금호강에 배를 띄워 시문을 지으며 유람을 했다는, 소위 '금호선사유람'의 수준 높은 풍류문화를 꽃피운 곳이기도 하다.

한편 상화대 인근 산기슭에는 당시 지역 호족 세력의 고분으로 추정되는 30여 기이상의 고분군이 분포한다. 이 밖에도 화원 일대는 많은 문화역사 유적과 전설이 있어 스토리텔링을 활용한 문화관광 콘텐츠 개발이 필요한 곳이다. 대구의 명소가 되기를 기대해 본다.

03

새로운 내가 아닌
샛강 신천

신천은 비슬산 북동사면(용계천)과 달성군 가창면 우록리 우미산 남서쪽 밤티재 부근에서 각각 발원하여 대구로 흘러들어 와 북구 침산동 침산 부근에서 금호강으로 합류한다. 신천은 금호강의 최대 지류로 총 길이 27km, 유역면적 165km²에 달한다. 신천의 하상 경사는 비교적 큰 편이다. 따라서 유속도 빨라 상류는 초속 4~5m, 하류는 초속 2~3m의 유속을 보인다. 이처럼 신천의 활발한 침식작용은 신천 변 곳곳에 수려한 지형경관들을 만들어 놓았다.

그러나 지난 시절 개발의 과정에서 정겹고 흥미로운 전설과 이야기를 가득 담고 있던 신천의 문화지형이 하나둘씩 사라져, 지금은 남아 있는 지형경관이 손에 꼽을 정도이다. 그나마 신천 변에 남아 있는 대표적인 명소로는 가창교 부근에서 앞산 고산골 입구에 이르는 곳에 발달하는 용두산(앞산)의 수려한 경관들과 동신교~수성교 사이 강바닥에 나타나는 공룡발자국 화석뿐이다. 이마저도 신천 좌안도로 공사로 상당 부분 훼손되어 옛 모습이 많이 사라진 상태이다.

새로운 물줄기로 알고 있는
신천의 진실은?

신천이라는 지명이 '새로 생겨난 하천'이라는 의미에서 비롯되었다는 것은 사실일
까? 이에 대해 알아보기 위해 대구판관 이서(李溆)가 제방을 축조했던 1778년(정조
2년) 이전에 발간된 대구 고지도와 고문헌을 조사하여 다음과 같은 사실을 알게 되
었다.

첫째, 『팔도여지지도』(16세기 후기), 『광여도』(1698~1703년), 『해동지도』(18세기 초),
『좌해분도』(18세기 중기), 『동국지도』(18세기 중기) 등에 표현된 신천의 위치가 현재
신천의 위치와 동일하다.

둘째, 『경상도지리지』(1425년), 『세종실록지리지』(1454년), 『신증동국여지승람』
(1530년)의 대구편에 이미 신천이라는 지명이 나타나고 있다.

셋째, 고문헌을 두루 살펴봐도 대구 신천의 지명 유래에 대해서는 알 길이 없다.

그렇다면 신천이라는 용어가 대구 이외의 다른 지역에서도 사용되고 있다는 점에
주목할 필요가 있다. 경기도 양주시의 신천(新川)이나 서울 강동구 잠실역 주변의
신천(新川) 등은 샛강의 의미를 가진다. 이 밖에도 평안도와 충청도의 금산에서도
신천(新川)이라는 지명이 존재하였다.

유추해 본다면, 대구의 신천 역시 '샛강'에서 유래되었다고 할 수 있다. 다시 말해
대구판관 이서가 제방을 쌓아 물길을 돌린 이후 새로 생겨난 하천이라는 의미에
서의 신천이 아니라, 신라시대 이래 위화군(수성구 일대를 중심으로 하는 행정구역)과
달구화현(중구를 중심으로 하는 행정구역) 사이를 흐르는 하천이라는 뜻에서의 '사이
천' 또는 '새 천(샛강)'이 한자로 표기되는 과정에서 '신천(新川)'으로 오기되었다고

그림 29. 상동교 동편에 위치한 이공제비각

보는 것이 타당하다. 실제로 대구판관 이서의 공덕을 기려 세운 '이공제비(李公堤
碑)'가 상동교 동편에 위치하고 있는데, 비문에 새겨진 글에는 신천의 범람을 막기
위해 제방을 쌓았다는 내용만 있고 신천의 물줄기를 새롭게 만들었다는 내용은 어
디에도 없다.

강가 바위절벽인
용두바위

용두산은 신천 변에 인접해 있는 앞산의 한 부분이다. 신천 변을 따라 남-북으로 이
어지는 산줄기를 말하는데, 생긴 모습이 용의 모습을 닮았다 하여 붙여진 이름이
다. 용두산 북단에는 원삼국시대 말기 내지 삼국시대 초기에 축조되었을 것으로 판
단되는 용두토성이 있어 용두산의 실체를 분명히 해 준다. 이 토성은 대구분지의 남
쪽 관문 역할, 즉 대구에서 청도로 이어지는 주요 길목에 자리 잡고 있어 전략적으

그림 30. 신천고가도로 건설로 용두바위가 훼손되는 과정(위에서 아래로)

로 중요한 곳이다.

용두토성 아래쪽으로 앞산의 고산골에서 흘러나온 계곡물이 신천으로 합류하는 부근에 높이 5~10m 정도의 아담한 바위절벽이 있다. 이 바위는 그 외양이 마치 신천의 물을 마시는 용의 머리 부분과도 흡사하여 '용두(龍頭)바위'라 불려 왔다(그림 30). '용'이라는 신비감 때문인지 대구지역 사람들은 예로부터 길일을 택해 이곳에서 촛불기도를 해 오곤 하였다. 그러나 최근에 이곳을 통과하는 신천고가도로의 개설로 용머리의 모습이 상당 부분 훼손되고 말았다.

원래 신천 변에는 용두바위가 2개 있었는데, 고산골 입구의 용두바위 외에 또 다른 용두바위는 신천대로 공사 도중 훼손되어 지금은 볼 수 없다. 당시 이 용두바위 위로는 사찰이 있었고, 사찰 전면으로는 좁은 길이 나 있어 이곳을 통해 앞산으로 가기도 했다.

신천 변 용두산의
수려한 지형경관

지금 남아 있는 신천 변의 지형경관 중, 종류도 다양하고 수적으로도 많은 곳은 최근 앞산터널 공사가 끝난 용두골 입구에서부터 상동교 부근에 이르는 곳이다. 이곳에 발달하는 대표적인 경관으로는 하식동굴(하천 침식으로 이루어진 굴), 강가 바위절벽, 판상절리 지형(기존의 바위 위에 두꺼운 판자 모양의 바위가 겹쳐 있는 모습을 보이는 바위), 토르(탑 모양의 형태를 띤 바위) 등이 있다.

하식동굴은 인근에 위치한 바위그늘[岩陰]과 유사한 용도로 이용되었을 것으로 보인다. 판상절리 지형은 신천 변 일대에 많이 분포하는 청동기시대의 묘인 고인돌(지

그림 31. 신천 변의 수려한 문화지형경관(위에서부터 하식동굴, 하식애와 판상절리 지형, 토르)

석묘)의 채석 공급지였을 것으로 추정된다. 왜냐하면 신천 변 산기슭 기반암에 발달하는 판상절리 지형의 구조적 특성은 고인돌을 생산하기에 적합할 뿐만 아니라 겨울 신천의 동결은 이러한 큰 돌을 운반하기에 더없이 좋은 환경을 제공해 주기 때문이다. 따라서 이곳에서 채석된 큰 돌들은 인근 여러 곳으로 운반되어 고인돌의 원재료로 활용되었을 가능성이 크다.

토르 역시 고인돌의 원재료로 활용하기에는 더없이 좋은 지형적·지질적 특성을 가지고 있어 판상절리 지형과 더불어 고인돌의 중요 석재 공급원이었을 것으로 추정된다. 그런데 최근 완공된 앞산터널과 신천고가도로로 인해 상당 부분 훼손되었으며, 그나마 얼마 남지 않은 지형조차도 훼손이 심한 편이다. 필자와 언론사 그리고 시민단체의 노력으로 완전히 사라질 위기에 처했던 이 경관들을 이렇게라도 보존하게 된 것은 참으로 다행이라 생각한다.

선사시대 주거지였던
용두산 기슭의 바위그늘

신천 변을 따라 강바닥으로부터 약 10여 m 높이에 분포하는 바위그늘은 일종의 큰 돌로 이루어져 있다('두 번째 이야기' 그림 3 참조). 큰 돌은 동굴식으로 구성된 경우와 상부가 돌출되어 동물의 가죽이나 나뭇가지 등으로 지면으로 이어지게 덮을 수 있을 정도의 지형적 특성을 보인다. 이곳은 신천의 범람으로부터도 비교적 안전하며, 주거지 근방에서 어로와 수렵채집이 가능하여 식량 및 용수 구득이 쉬웠을 것이므로 선사시대 인류에게는 더할 나위 없이 좋은 천혜의 주거지였을 것이다. 실제로 이 바위그늘에서는 삼국시대의 유물은 물론 청동기시대, 신석기시대, 구석기시대로

그림 32. 신천 우안 동신교 상류 300m 부근 강바닥에 나타나는 공룡 발자국 화석지

추정되는 유물도 발굴되었다(국립대구박물관, 2002).

신천의

공룡 발자국 화석지

동신교 상류 약 300m 지점 부근 강바닥 퇴적층에 70~80여 개의 공룡 발자국 화석이 나타난다. 이곳의 퇴적암은 약 1억 년 전의 중생대 백악기 지층으로 한반도에 공룡이 번성했던 시기에 살았던 공룡들이 남겨 놓은 흔적들이다. 이곳에서 발견된 발자국의 주인공들은 초식공룡인 용각류가 대부분이나 육식공룡인 수각류도 나타난다.

신천 가까운 곳으로는 고산골 입구에도 공룡 발자국 화석이 존재한다. 특히 대구를 비롯해 경상도 일대는 중생대 백악기 당시 거대한 호수였으므로 퇴적 당시의 환경을 알 수 있는 화석들을 곳곳에서 볼 수 있다. 대표적인 것으로는 고산골 입구 실개천 바닥에 당시의 건조했던 환경을 알 수 있는 건열(mud crack)과 얕은 호숫가에서 나타나는 물결 흔적 화석인 연흔(ripple mark) 등이 보인다. 당시의 상황을 상상해 보면 다음과 같다.

약 1억 년 전 신천 주변은 오늘날의 늪지대와 비슷하였다. 기후는 지금보다 덥고 습해 울창한 숲을 이루었다. 지구상에서 가장 대표적인 동물이었던 공룡들은 먹이가 풍부한 호숫가 주변과 습지 일대에 무리지어 살았다. 육식공룡이 먹잇감인 초식공룡을 발견하고는 달려들어 공격을 한다….

04

대구의 마지막 생태하천
동화천(桐華川)

살내(전탄, 箭灘)에서 문암(門巖)천으로,
다시 동화천이 되기까지

동화천은 유역면적이 신천의 165km² 에 비해서 훨씬 좁은 10km² 정도에 불과하다.
그러나 유로 길이는 19km로 27km의 신천에 비해 결코 짧지 않다. 유역면적에 비
해 유로가 긴 하천이다.

동화천의 발원지에 대한 연구는 아직까지 알려진 바는 없으나, 팔공산 골프장 위쪽
폭포골 최상류로 판단된다. 폭포골에서 발원하는 동화천은 남쪽으로 흐르다가 동
구 백안동 일대에서 용수천을 합류하여 서쪽으로 흐른다. 도중에 작은 지류 몇 개를
합류하며, 공산댐을 지나 동구 지묘동 부근에서는 지묘천을 합류한다. 물줄기가 비
대해진 동화천은 북구 서변동과 동변동 사이에서 금호강으로 합류한다.

동화천은 곳곳에 작은 분지를 형성해 놓고 있다. 화강암과 변성암의 차별침식으로
형성되는 미대동 분지와 여러 갈래의 물줄기가 모여드는 합류 지점에 형성된 백안

살고 싶은 그곳, 흥미로운 대구 여행

동 분지, 용수동 분지, 지묘천 상류의 덕곡동 분지 등이 있다.

동화천의 원래 이름은 살내(전탄)로 알려져 있다. 927년 팔공산에서 벌어진 공산전투에서 왕건 군대와 견훤 군대는 동화천을 사이에 두고 치열한 전투를 벌였다. 이때 양 진영에서 쏜 화살이 내를 가득 메웠다고 하여 살내가 되었고, 이것이 한자어로 전탄(箭灘)이 된 것이다.

그 후 일제강점기 무렵 지금의 공산댐 부근을 통과하는 동화천 물줄기가 문암산 앞을 지나가는 관계로 문암천이라는 지명을 가지게 된다. 문암산은 산의 모습이 수직의 대문처럼 보이는 것에서 유래한 것이다. 그러던 중 동화천의 본류인 폭포골 물이 동화사 경내를 흐르기 때문에, 동화사의 이름을 차용하여 동화천으로 불리게 되었다.

동화천의 왕버드나무 군락지와
문화생태 이야기

동화천은 금호강의 여러 지류 중에서도 신천과 더불어 대구 중심 생태축의 한 요소로서 중요한 기능을 가진다. 신천이 대구 도심지를 흐르는 도시하천으로 친수하천이라 한다면, 동화천은 대구의 외곽지를 흐르는 생태적 환경이 양호한 도시생태하천으로 볼 수 있다. 특히 동화천에는 대도시에서 거의 볼 수 없는 왕버드나무 군락지가 형성되어 있어 흥미롭다. 둘레가 한 아름이 넘는 왕버드나무는 수령이 100년도 더 된 것으로 동화천의 생태적 건강성을 잘 보여 준다.

또한 동화천 일대에는 역사적인 스토리가 많아 문화적으로도 중요한 곳이다. 연경동에 있었던 대구 최초의 서원인 연경서원 옛터와 퇴계 선생의 한시 '연경화암'에

그림 33. 동화천의 왕버드나무 군락지

나오는 화암(畵巖), 공산전투 당시 유래된 무태·연경·나팔고개·왕산·파군재·지
묘 등의 지명은 동화천 일대를 관광지화할 수 있는 소중한 스토리텔링 자료들이다.
그러나 곳곳에 설치된 인공제방을 비롯해 다양한 인공 구조물의 증가, 토지주택공
사에서 추진 중인 연경동 택지개발사업 등으로 인해 생태하천 동화천은 훼손되어
가고 있다. 이러다 대구에 마지막 남은 자연형 생태하천인 동화천마저도 사라지지
않을까 싶어 걱정이다.

대구는 다른 광역시에 비해 주택 보급률이 상대적으로 높다. 그럼에도 불구하고 대

도시에서는 거의 찾아볼 수 없을 정도로 훌륭한 생태환경을 갖춘 동화천 일대에 굳이 대규모의 아파트를 지어야 할 이유가 있는지 모르겠다. 아무리 좋게 생각하려 해도 이해가 되지 않는다.

다섯 번째 이야기

조선시대 대구의 풍광

01

대구지역 유학자와
선유(船遊)문화

조선시대 중·후기 선비들이 뱃놀이를 하면서 한가로이 시문을 나누었던 선유문화가 낙동강과 금호강 일대에서 이루어져 왔다는 사실은 여러 자료에서 나타난다. 대표적인 자료가 낙재 서사원의 '금호선사선유도(琴湖仙査船遊圖)', 한강 정구의 '을사선유(乙巳船遊)'와 '봉산욕행(蓬山浴行)'이다.

'금호선사선유도'는 1601년(선조 34년) 3월 금호강 선사(仙査, 달성군 다사읍 이천리 소재로 신라 최치원 선생이 노닐었다고 전해지는 곳)에서 낙동강 부강정(浮江亭, 달성군 다사읍 죽곡리 강정마을)에 이르기까지의 약 10리에 걸쳐 행해진 시회(詩會)를 겸한 뱃놀이를 그림으로 나타낸 것이다. 낙재 선생은 금호강 선사에 완락재(玩樂齋)를 지어 낙성하면서 뱃놀이를 겸한 시회를 주최하였다. 이 선유 문학길에 참석한 사람은 서사원, 장현광, 이종문 등 23명으로 나타나 있다. 참석자 중 박정효와 김극명이 21세로 최연소자였고, 서사원은 52세로 최연장자였다. 아버지와 아들 정도의 나이 차가 남에도 불구하고 함께 모여 스스럼없이 시문을 나눈 것이다.

한강 정구 선생의 '을사선유'에는 그의 제자들이 함께하였다. 1605년(선조 38년) 3월 6일, 한강 선생은 서사원을 비롯한 여러 제자들과 선유 문학길에 오른다. 고령의 어목정을 출발하여 대구 노다촌에서 숙박을 하였다. 8일 오후에는 척성 아래를 통과하고, 부강정에서 하룻밤을 묵는다. 9일 서사원의 완락재에서 늦은 아침 식사를 하였다. 늦은 점심 식사부터는 술자리를 겸한 시회가 열려 인근에서 온 선비 70여 명이 참석하는 성황을 이룬다. 모당 손처눌 등 대구향교 유생과 안동의 여헌 장현광 등이 참석하였고, 경상감사 이시언은 참석하지 못함에 대한 유감의 말을 전하기도 했다. 여기서 이틀을 묵은 한강 선생은 칠거현(칠곡)으로 가 선친 묘소를 참배하고 부강정에서 하루를 더 묵는다. 그리고 다음날 성주로 돌아가는 여정이었다.

'봉산욕행'은 한강 선생의 나이 75세에 봉산(부산 동래)으로의 신병 치료를 목적으로 이루어진 선유 문학길이다. 1617년 7월 20일 이른 아침, 칠곡의 지암에서 출발하여 부강정, 노다암, 도동서원의 서상재를 거쳐 7월 26일 동래 온정에 도달한다. 동래에서 약 한 달간 머문 일행은 양산, 경주, 영천, 하양을 거쳐 금호강 변에 위치한 송담 채응린의 소유정을 지나 사수의 사양서원에 9월 4일 도착한다. 총 45일간 장기간에 걸쳐 이루어진 여정이었다(매일신문 기사, 2012년).

낙동강과 금호강 일대에서 이루어진 선유문화는 학자지향의 교육도시인 대구에 걸맞게 현대적으로 재구성하여 대구의 얼과 정체성을 고양시킬 필요가 있다. 금호강 변에는 한강 정구의 관어대(觀魚臺)와 조어대(釣魚臺), 낙재 서사원의 완락재가 있었고, 낙동강 변에는 아암 윤인협의 영벽정(暎碧亭), 임하 정사철의 아금정(牙琴亭), 낙포 이종문의 하목당(霞鶩堂), 여헌 장현광의 부지암재(不知巖齋) 등이 있었다.

특히 형상이 사람의 어금니를 닮았다 하여 아금암(牙琴巖), 또는 아암, 금암으로 불리는 하식애 주변에는 아금암진이라는 나루터가 있으며, 범을 닮았다 하여 붙여진 '범바위'도 있다. 나루터 북쪽의 마천산 줄기 서편 끝은 북령(北嶺)인데, 아래쪽에 활처럼 휘어진 소(沼)에 이르는 물길을 '행탄(杏灘)'이라고 한다. 또한 아금암을 중심으로 위쪽 지족의 지형·지세는 산으로 둘러싸여 숨어 있는 듯 보이며, 보이는 것은 굽이 흐르는 낙동강 물뿐이다. 한편 남쪽에 훤히 트인 낮은 언덕은 부강(浮江)이며, 이곳에는 부강정이 위치한다. 아금암 아래에는 관란(觀瀾), 세심(洗心) 등의 낚시터가 있어 낚싯배들이 반드시 거치는 곳이다. 평평한 바위에는 정사철이 지은 금암서당(금암초당)이 위치하고 있어 대구의 학문적 정체성을 계승 발전시켜 나가기에 더없이 좋은 곳이다. 대구시와 달성군이 협력하여 체계적으로 발굴하고 활용한다면 지역관광 활성화에 큰 기여를 할 것이다.

살고 싶은 그곳, 흥미로운 대구 여행

02

서거정의
'대구십영(大丘十詠)'

서거정은 아버지인 안주목사 서미성과 세도가 문충공 권근의 딸인 안동 권씨 어머니 사이에서 2남 5녀 중 막내로 태어나 19세에 과거에 급제하여 25세에 관직에 오른 이후 69세의 나이로 생을 마감할 때까지 관료로서 대문장가로서 한 시대를 풍미하였다.

서거정은 나이 10세 때 아버지가 돌아가셨기 때문에, 막강한 세도가인 외가와 자형인 최항과 깊은 관계를 맺으면서 그의 탁월한 문장력과 인생관이 형성되어 간 것으로 판단된다. 나이 25세에 문과에 급제할 당시 그의 넷째 자형인 최항은 대제학의 직위에 있었으며, 1467년 나이 48세 때 예문관의 대제학으로 문형을 관장할 때는 최항이 영의정의 직위를 가지고 있었으므로 여러모로 서거정에게 큰 힘이 되었을 것이다.

서거정은 네 번이나 현량과(賢良科)에 급제하여 45년간 여섯 임금을 섬겼고, 23년간 문형(文衡, 홍문관 또는 예문관의 수장인 대제학)을 담당한 대문호이다. 52세(1471

년)에 순성명량좌리공신의 호가 내려지고 달성군(達城君)에 봉해졌다. 자는 강중(剛中), 호는 사가정(四佳亭) 또는 정정정(亭亭亭), 시호는 문충(文忠), 본관은 대구(大丘)이다.

서거정은 19세(1438년)에 생원시와 진사시 두 시험에 합격하였고, 25세(1444년)에 문과 3등으로 급제하여 그의 생애 최초의 관직인 사재직장에 부임하였다. 서거정 나이 34세(1453년)에 발생한 '계유정난(癸酉靖難)'은 생애 최대의 사건이었다. 서거정은 충절을 지키려는 사육신, 생육신과는 달리 계유정난의 주역인 정인지, 한명회, 신숙주, 권람, 최항 등의 쪽에 서게 되었다. 정난의 주역인 수양대군이 반대파인 그의 친동생 안평대군 등을 숙청한 후 정권을 장악하자, 서거정 역시 세조 및 계유정난 공신들과 함께 권력의 중심에 등장하게 되었다.

46세(1465년)에 예문관제학, 47세(1466년)에 발영시(拔英試)에 합격하여 예조참판이 되었고, 이어 등준시(登俊試)에 3등으로 합격하여 자헌대부 행동지중추부사로 부임하였다. 48세(1467년)에 형조판서로 지성균관사와 예문관대제학을 겸직하였고, 그해 겨울에는 공조판서로 자리를 옮겼다. 이때부터 문형을 잡아 죽을 때까지 23년간 계속하였다.

주요 관찬서도 그의 주도 아래 이루어졌는데, 50세(1469년)에 『경국대전』 찬수를 필두로 하여 『동인시화』, 『삼국사절요』, 『태평한화골계전』, 『동문선』, 『역어지남』, 『오자주석』, 『역대연표』, 『신찬동국여지승람』, 『동국통감』, 『칠원잡기』 등 많은 저서를 남겼다(『조선왕조실록』 성종 19년 12월 24일, '달성군 서거정의 졸기' ; 서거정 지음·임정기 옮김, 『국역 사가집』 1, 1-6).

서거정은 경제적으로도 넉넉한 삶을 누렸다. 서울 남산 아래의 집 한 채와 근교에 여러 채의 별장을 소유하고 있었다. 남산 아래 위치하는 그의 집에는 정정정(亭亭亭) 또는 정우당(淨友堂)이라는 정자와 동산 그리고 채소밭을 함께 갖추고 있어 그의 시문 창작활동에 큰 토대가 된 것으로 판단된다.

서거정은 시 짓기를 좋아하여 '졸고의 후미에 쓰는 글(書拙稿後)'에서 시 짓기에 대한 자신의 생각을 다음과 같이 밝히고 있다. "나는 젊어서부터 시를 지나치게 좋아하는 버릇이 있어 즐거운 일이나 슬픈 일, 눈으로 보고 귀로 들은 모든 것을 대상으로 시를 썼다. 초고에 쓴 것도 있고 쓰지 않은 것도 있는데, 쓰지 않은 것이 얼마나 될지도 모르겠다. 지금 과거에 써 두었던 초고를 살펴보니 1만 1천여 수가 넘는데도 여태 일을 끝내지 못하고 있으니, 당시에도 적절치 못했고 후세에도 무익한 것이 되겠구나, 아! 슬프도다."

이처럼 서거정은 평생의 모든 일 대부분을 시로 남겼으며, 특히 '대구십영'과 같은 연시도 많이 남겼다.

'대구십영'은 서거정이 고향인 대구에 대한 애정을 한시로 표현한 것으로, 15세기 당시 대구의 풍광을 잘 표현하고 있어 대구지역 연구에 중요한 자료이다.

제1영
금호범주(琴湖泛舟) : 금호강 뱃놀이

『사가집』에서는 시제가 『신증동국여지승람』이나 『대구읍지』의 '금호범주(琴湖泛舟)'와는 다른 '금호범월(琴湖泛月)', 즉 '금호강 달빛 아래 배를 띄우고'로 표현되어 있다. 그러나 '금호범월'보다는 '금호범주'가 보다 조화로운 표현이며, 서거정의 '한도십영(漢都十詠)' 중 제7영의 '마포범주(麻浦泛舟, 한강 마포에서 배를 띄우고)'에서도 볼 수 있듯이 '금호범월'은 '금호범주'의 잘못으로 판단된다('한도십영'은 『사가시집보유』 권1에 실려 있음).

한편 내용의 경우 세 고문헌에 모두 동일하게 기록되어 있으나, 다만 『대구읍지』의 경우 승구에서 '백구(白鷗)'의 '구(鷗)' 자가 '큰 언덕 구(丘)' 변에 '새 조(鳥)' 자로 표현되어 있어 오류이며, 전구에서 돌아올 '회(回)' 자가 한자로 표현 불가한 자로 잘못 표기되어 있다. 즉 이는 이전의 간행물을 베껴 쓰는 과정에서 발생한 오류이다.

- 한시 원문

제1영 금호범주(琴湖泛舟)

금호청잔범란주(琴湖淸淺泛蘭舟) 취차한행근백구(取次閑行近白鷗)

진취월명회도거(盡醉月明回棹去) 풍류불필오호유(風流不必五湖遊)

- 한시 해석

제1영 금호강 뱃놀이

금호강 얕고 맑은 물에 배를 띄우고

자리 잡고 한가로이 떠 가니 백구와 같구나

밝은 달빛 아래 만취하여 노 저어 되돌아가니

풍류가 오호에서 즐기는 것만이 아니네.

서거정은 금호강 달빛 아래에서 한가롭게 뱃놀이하는 풍광을 대구의 제1영으로 보았다. 시상을 떠올리는 중요한 매개체로 금호강, 놀잇배, 백구, 달, 오호(중국에 있는 호수) 등으로 서정적인 향취가 흠뻑 묻어난다. 그런데 백구는 바다에 주로 서식하는 갈매기로 내륙분지인 대구의 금호강까지 왔을 리는 없을 것이다. 아마도 요즘 금호강에서 자주 볼 수 있는 백로나 해오라기를 잘못 표현한 것으로 판단된다.

금호강 변에는 흐르는 물에 의해 깎여 형성된 하식애가 곳곳에 수려한 경관을 형성한다. 주변 경치를 한눈에 내려다볼 수 있는 이러한 곳에는 예로부터 정자와 누각이 자리 잡고 있다. 검단의 압로정, 강창의 하식애, 화원의 상화대 등이 그러한 곳이다. 특히 하식애는 보는 이의 정서 함양에 큰 도움을 주어 각박한 도시생활에 지쳐 있는 우리들에게 물질적 풍요 이상의 귀중한 자산이다. 서거정은 이러한 금호강의 풍광에 조각배를 타고 놀이를 하는 모습이 그렇게도 좋아 보였던 모양이다.

그러나 시에서 표현된 금호범주의 구체적인 장소에 관해서는 밝혀진 바가 없어, 필자는 그러한 장소에 대한 고증을 시도해 보았다. 조선시대 대구부와 지금의 팔공산 기슭에 해당하는 대구부의 속현인 해안현을 연결해 주던 금호강의 나루터로는 북구 검단동 금호제일교(경부고속국도) 바로 윗부분과 북구 동변동을 이어 주던 검단나루터와, 불로천이 금호강으로 합류하는 부분으로부터 약 2km 금호강 상류에 위치한 북구 복현동 복현중고등학교 앞 강변과 금호강 건너편의 동구 불로동 불로초등학교 앞 일대를 연결해 주던 나루터('복현나루터'로 부르기로 함)가 있었다. 물론 팔달진나루터, 강정나루터, 사문진나루터 등도 있었으나, 팔공산 쪽으로 가기 위해 서거정이 주로 이용했을 나루터는 검단나루터와 복현나루터였을 것으로 판단된다. 이들 나루터는 대구 시내로 들어오는 동촌, 불로동, 공산면 사람들과 동화사와 파계사 등지로 가는 시내 사람들이 주로 이용했다.

그런데 서거정이 읊었던 '대구십영'의 금호범주 대상지로는 검단나루터 일대보다

그림 34. 복현나루터 일대(사진 중간 부분에 콘크리트 제방의 휘어진 부분이 나루터가 있었던 곳으로 추정된다.)

는 복현나루터 일대가 보다 유력할 것으로 판단된다. 그 이유는 풍광을 살피기 위해
서는 근처에 높은 곳이 있어야 하는데, 복현나루터 주변에는 하식애가 잘 발달하고
있어 그러한 가능성을 뒷받침해 준다. 즉, 서거정의 주 근거지로 판단되는 대구의
중심지(현재의 대구 중구 달성공원 일대와 주변)에서 금호강 나루터로 접근하기 쉬운
노선은 일제강점기 당시 제작된 「지형도」(조선총독부, 1918년 발행)를 참고하면 단연
코 '복현나루터' 일대가 된다.

제2영

입암조어(笠巖釣魚) : 입암에서 고기를 낚으며

시제는 세 고문헌 모두 동일하게 표현되어 있다. 내용의 경우 결론부터 말하면『사가집』의 내용이 정확한 것으로 보인다.『사가집』에는 기구의 '공몽(涳濛)'이 바르게 표현되어 있으나,『신증동국여지승람』과『대구읍지』의 경우 '공' 자가 '가랑비 공(涳)'이 아닌 '빌 공(空)' 자로 표현되어 있어 오류이다. 또한 기구의 이슬비 또는 안개비에 해당하는 '연우(煙雨)'가『대구읍지』에는 '형우(炯雨)'로 잘못 표현되어 있다. 한편 결구의 '금오(金鰲)', 즉 금자라는『사가집』과『대구읍지』에는 약자로 표시되어 있으나『신증동국여지승람』에는 원자로 표기되어 있다.

– 한시 원문

제2영 입암조어(笠巖釣魚)

연우공몽택국추(煙雨涳濛澤國秋) 수륜독좌사유유(垂綸獨坐思悠悠)

섬린이하지다소(纖鱗餌下知多少) 부조금오조불휴(不釣金鰲釣不休)

– 한시 해석

제2영 입암에서 고기를 낚으며

이슬비 자욱이 내리는 어두운 호숫가 가을날

낚싯줄 곧게 드리우고 홀로 앉아 한가로이 생각에 잠겼네

미끼 아래 작은 물고기 다소 있음이야 알겠지만,

금자라 낚지 못해 쉬지를 못하네.

신천 변에 있었다고 전해지는 삿갓바위에서 가을날 안개비가 내리는 가운데 신천 하식애(강가 바위절벽) 아래 소(沼)에서 이루어지는 낚시를 소재로 하고 있다. 시상을 떠올리게 하는 소재로는 입암(笠巖, 삿갓바위), 이슬비, 가을, 낚싯대, 금자라 등으로 여유와 외로움이 공존하는 정서적 감흥을 잘 나타내고 있다.

입암이라 함은 삿갓바위를 이르는데, 대구시에서는 입암을 건들바위로 주장하고 있다. 건들바위는 원래 조선시대 대구부 하수서면 입암리(동변입암리, 서변입암리)라는 행정지명의 유래가 되는 바위로서 삿갓바위가 아니라 단순히 선바위의 의미를 나타내는 입암(立巖)이다. 즉 '서 있는 돌' 선돌이다. 18세기 초에 제작된 『해동지도』를 보아도 입암의 위치는 대구 감영의 남쪽에 있는 건들바위와는 전혀 다른 대구 감영의 북동쪽 신천 변에 위치한다. 위치는 고사하고 모양새도 맞지 않다. 건들바위는 그냥 일자로 서 있는 선돌에 불과하다. 삿갓바위라 함은 바위 상부에 삿갓 같은 모양이 보여야 할 것이다.

또한 고문헌(『경상도지리지』, 『세종실록지리지』, 『신증동국여지승람』, 『대구읍지』 등)에서 소개한 입암의 내용을 보면 유성이 떨어져 돌이 된 운석으로 이루어져 있다고 하는데, 운석이라 함은 매우 단단한 돌이다. 운석이 아니더라도 적어도 단단한 재질(대구에는 변성암이 화강암 관입 지역 또는 화산암 분출지 주변에 분포함)로 이루어진 것만은 분명한 것 같다. 그런데 건들바위는 풍화가 진전된 약한 퇴적암으로 구성되어 있어 맞지 않는다. 결론적으로 말하자면, 입암은 지난 시절 개발의 과정에서 사라지고 없다.

전하는 말에 의하면, 경대교에서 신천 약간 상류 쪽(북구 대현2동 신천 변)에 높이 약 10m 규모의 갓 모양을 한 바위가 존재했었다고 한다. 넓은 반석 위에 서 있는 갓바

그림 35. 입암(삿갓바위)이 있었던 곳으로 추정되는 도청교 주변 침산동 복개도로

위에서는 당시 부녀자들이 촛불기도를 드리는 장소로 유명했으나, 70여 년 전 신천 범람을 막기 위해 강변 정비 공사를 하던 중 다이너마이트로 폭파해 버려 지금은 흔적도 없이 사라졌다고 한다(대구광역시·택민국학연구원, 2009, 366). 그러나 『해동지도』(그림 36)와 서거정의 '대구십영'의 위치가 모두 나타나는 「달성도」(그림 37)의 경우 입암의 위치는 신천의 우측이 아닌 좌측에 표시되어 있다. 실제로 지금의 제방처럼 튼튼한 제방이 신천에 설치되지 않았던 일제강점기 때 제작된 「지형도」에는 신천의 물줄기가 여러 갈래로 분류하고 있음을 확인할 수 있다. 또한 1957년 제작된

그림 36. 「해동지도」(대구부: 18세기 중엽, 붉은색 표시 안이 입암)

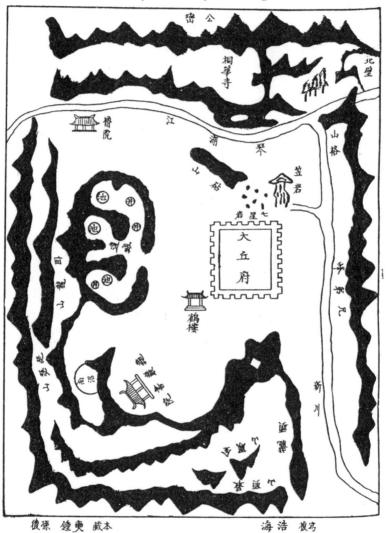

그림 37. 「달성도」('대구십영'의 위치가 모두 나타남. 발간 시기는 18세기 이후로 추정)
출처: 『달성서씨학유공파보(達城徐氏學諭公派譜)』 卷上

지형도를 보면 『해동지도』나 「달성도」에서 보는 바와 같이 북구 칠성동과 침산동을 지나 도청교 약간 하류로 유입하는 물줄기를 볼 수 있는데, 바로 이 물줄기 중 침산동의 어느 한 지점에 지금은 사라지고 없는 입암이 위치하였을 것으로 판단된다.

제3영
귀수춘운(龜峀春雲) : 연귀산의 봄 구름

시제는 세 고문헌 모두 동일하게 표현되어 있으나 시제 '귀수춘운(龜峀春雲)' 중 '귀수'의 '수'가 『사가집』과 『신증동국여지승람』에서는 '수(峀)'로, 『대구읍지』에서는 '수(峀)'로 표현되어 있다. 내용의 경우 기구의 '오잠(鰲岑)', 즉 자라뫼에서 '오'는 『사가집』과 『신증동국여지승람』에서는 원자인 '오(鰲)'로, 『대구읍지』에서는 약자인 '오(鰲)'로 표현되어 있다. 한편, 승구의 '운출무심(雲出無心)'은 중국 동진의 문장가인 도잠(陶潛)의 '귀거래사(歸去來辭)'에 나오는 '운무심이출수(雲無心以出峀), 조권비이지환(鳥倦飛而知還)'에서 비롯된 것이다.

– 한시 원문

제3영 귀수춘운(龜峀春雲)

귀잠은은사오잠(龜岑隱隱似鰲岑) 운출무심역유심(雲出無心亦有心)
대지생령방유망(大地生靈方有望) 가능무의작감림(可能無意作甘霖)

– 한시 해석

제3영 연귀산의 봄 구름

거북뫼 은은하여 자라뫼 닮았네

무심히 피어난 구름 또한 의미가 있네

바야흐로 대지의 생명과 영혼들이 바라는 것처럼

아무 뜻 없이 단비를 내리겠는가.

『신증동국여지승람』에서 말하는 대구의 진산인 연귀산을 기우제의 산실인 양 봄 구름과 비를 끌어들여 봄 가뭄에 대한 강렬한 기우를 담은 칠언절구로, '대구십영'을 읊은 다른 칠언절구 한시에 비해 다소 색다른 느낌이 든다. 대구의 아름다운 풍광을 읊은 것이라기보다는 기원의 성격이 강하게 풍긴다. 굳이 풍광으로 해석한다면, 달구벌의 탁 트인 벌판 위 연귀산 걸린 봄 구름을 풍광으로 볼 수 있을 것이다. 대구분지가 팔공산지와 비슬산지 등 1,000m가 넘는 비교적 높은 산지로 둘러싸여 있음에도 불구하고 나지막한 언덕에 불과한 연귀산을 대구의 진산이라고 소개하면 대구를 찾는 사람들은 다소 의아스럽게 여긴다. 연귀산은 『경상도지리지』, 『세종실록지리지』, 『신증동국여지승람』 등의 고문헌 기록에 의하면 대구의 진산으로 건읍(建邑) 초기에 '돌거북'을 만들어 머리는 남쪽으로, 꼬리는 북쪽으로 향하도록 산등성이에 묻어 지맥을 통하게 했다고 한다. 특히 거북 형상을 만든 것은 앞산이 불의 기운(火氣)이 강해 대구를 화마로부터 지키기 위한 비보 차원에서 행한 것이라 한다. 연귀산은 조선 순조 때는 정오를 알리기 위해 이곳에서 포를 쏘았다고 해서 오포산으로 불리기도 한다. 대구에는 내세울 만한 광장이 없다. 바라건대 대구의 기원인 연귀산(거북이 언덕)을 성지로 조성하여 대구를 대표하는 랜드마크가 되도록 해봄 직하다.

그림 38. 연귀산(제일중학교)에서 바라본 봄 구름과 거북바위(위가 머리 부분)

제4영

학루명월(鶴樓明月) : 금학루에서 바라보는 한가위 밝은 보름달

시제는 세 고문헌 모두에서 동일하다. 내용의 경우도 모두 동일하게 표현되어 있으나, 『사가집』의 승구에 표현된 '중추(仲秋)'가 『신증동국여지승람』과 『대구읍지』에서는 '중추(中秋)'로 표현되어 있다. 『사가집』에서는 모든 시에 중추(中秋)로 표현되어 있으므로 『신증동국여지승람』과 『대구읍지』에서 표현된 '중추(仲秋)'는 원래의 표현이 아닐 것으로 보인다.

– 한시 원문

제4영 학루명월(鶴樓明月)

일년십이도원월(一年十二度圓月) 대득중추원십분(待得仲秋圓十分)

경유장풍추운거(更有長風箒雲去) 일루무지착섬분(一樓無地着纖氛)

– 한시 해석

제4영 금학루에서 바라보는 한가위 밝은 보름달

일 년 12달 보름날에 둥근 달이 뜨지만

추석이 되어야 비로소 기다리던 제대로 된 둥근 보름달을 보네

더불어 바람이 제법 불어 비구름 날려 보내니

누각엔 작은 요기 하나 남지 않네.

금학루는 지금의 대구광역시 중구 대안동 50번지 일대에 위치했던 것으로 전해지

나 현재는 볼 수 없다. 그런데 달성서씨학유공파보소(1983)의「달성도」(18세기 이후 발간된 것으로 추정)에 의하면 금학루가 대구읍성 바깥 남서쪽에 위치한 것으로 나타나 있다. 그러나 관련 고문헌을 참고해 볼 때,「달성도」에서 표현한 금학루의 위치는 오류인 것으로 판단된다(그림 37).

『신증동국여지승람』에 기술된 금학루를 잠시 소개하면 다음과 같다. 객사(구 달성관)의 북동쪽 모퉁이에 대구읍지군사였던 금유(琴柔)가 1444년(세종 26년)에 건립하고 경상도도관찰출섭사인 김요(金銚)가 기문(記文)을 썼다. 기문에 의하면 다음과 같다. "무릇 옛 사람들이 사물의 이름을 지을 경우 지명이나 사람의 이름을 따른다. 지금 읍에는 금후(琴候)가 부임하여 정사를 돌보고, 금호(琴湖)라는 이름을 가진 하천이 있으며, 누각은 학이 춤추는 형상을 보인다. 누각에 오르면 하나의 금(琴)과 한 마리 학(鶴)으로 인해 속세를 벗어나는 청량한 기운이 있다. 거문고 소리와 학의 울음소리는 서로 조화로워 운치를 더하고, 불어오는 남풍에는 속세의 근심을 잊게 하는 즐거움이 있다. 그러므로 이 누각을 '금학루(琴鶴樓)'로 이름 짓는 것이 가히 옳지 않은가."

한편 강진덕(姜進德), 금유(琴柔), 일본 승려 용장(龍章)이 금학루를 소재로 읊은 시를 살펴보면, 금학루는 높은 건물이 없었던 당시에는 비교적 규모가 있는 편이어서 시야가 훤히 트였을 것이다. 누각에서는 청풍명월을 느끼고, 구름과 학 그리고 거문고 소리 등 풍부한 시상을 떠올리며 서정적 감흥에 젖어들게 할 만큼 좋은 분위기를 연출했던 것 같다. 이처럼 금학루는 당시 대구의 중심지에 위치하여 전망이 좋아 주위의 수려한 경관을 잘 감상할 수 있었던 누각이었다. 지금으로서는 금학루의 구조나 형태에 대해 알 길이 없지만, 일본 승려 용장의 시 내용에 금학루의 난간이 붉다

그림 39. 옛 금학루 터(대한천리교 대구교회, 대안성당, 대구제일성결교회가 나란히 위치한다.)

고 묘사하고 있어 금학루의 모습을 조금이나마 상상할 수 있다.

대구의 대표적 누각이었던 금학루 터는 그동안 경상감영이 있던 시절에는 감옥 터로, 일제강점기에는 일본 불교계의 최대 종파인 정토진종 계열의 사찰인 서본원사와 동본원사 터로, 광복 후 한국전쟁 기간에는 피난민수용소 터로 이용되었으며, 근래에는 대구제일성결교회와 대한천리교 대구교회 그리고 대안성당이 연이어 자리하고 있다.

제5영

남소하화(南沼荷花) : 남소에 피어난 연꽃

시제는 세 고문헌 모두에서 동일하다. 내용의 경우 『사가집』과 『신증동국여지승람』은 동일하나 『대구읍지』에서는 몇 곳에 오류가 나타난다. 즉, 승구의 '화개(花開)'가 '개화(開花)'로, '배만큼 크다'라는 의미의 '대어선(大於船)'이 '대여강(大如舡)'으로 표현되고 있지만, 의미상에는 큰 변화가 없다.

한편 승구와 결구의 문장은 중국 당나라 한유(韓愈)의 한시 '고의(古意)'에 나오는 문장이다. 시를 소개하면 다음과 같다. "태화봉두옥정연(太華峯頭玉井蓮), 개화십장우여선(開花十丈藕如船), 냉비설상감비밀(冷比雪霜甘比蜜), 일편입구침아전(一片入口沈痾痊)." 이를 해석하면 "태화봉 정상 옥정의 연꽃, 꽃이 피면 열 길이 되고 뿌리는 배만큼 크네. 눈과 서리같이 차갑고 꿀처럼 달구나, 한 조각 입에 넣으면 고질병이 낫는다네."이다.

– 한시 원문

제5영 남소하화(南沼荷花)

출수신하첩소전(出水新荷疊小錢) 개화필경대어선(花開畢竟大於船)

막언재대난위용(莫言才大難爲用) 요견침아만성전(要遣沈痾萬姓痊)

– 한시 해석

제5영 남소에 피어난 연꽃

물 위로 새롭게 피어난 연꽃은 작은 동전 쌓아 놓은 듯하네

마침내 다 피어나면 큰 배만 하구나

너무 커서 사용할 데 없다 말하지 말자꾸나

반드시 병을 물리치고 내보내어 만백성을 낫게 하려니.

남소에 피어난 연꽃을 소재로 읊은 시로 연꽃의 모양새를 구체적으로 잘 표현하고 있다. 특히 고질병 치료제로 연꽃을 소개하고 있어 연이 관상용만이 아니라 인간의 질병 치료를 위해서도 요긴하게 쓰일 수 있음을 알려 준다.

그런데 시에서 표현된 남소에 대한 위치적 정보에 대해서는 이견이 있어 왔다. 첫째는 제6영의 제목인 '북벽향림(도동 향산의 측백나무 숲)'에 대응하는 시의 소재로 '남소하화'를 위치적으로 판단하여 성당지로 보는 경우, 둘째는 현재 서문시장이 위치한 곳이 과거 천왕당지였으며 바로 이 천왕당지가 남소라 주장하는 경우, 셋째는 대구부에서 볼 때 거의 정남향에 위치하는 영선못을 남소로 보는 경우이다.

'대구십영'에 나타나는 서거정의 주 활동 경로는 달성에서 아래쪽으로 비교적 가까운 위치에 있는 연귀산을 제외하면 모두가 달성의 위쪽이다. 따라서 서거정은 달성에서 남쪽으로 제법 멀리 떨어져 있는 성당지나 영선못을 '남소하화'의 대상인 남소로 삼지 않았을 가능성이 크다. 왜냐하면 당시 달성 인근에는 연꽃과 관련된 규모가 있는 제언이 3곳(蓮花堤, 蓮信堤, 蓮信新堤)이나 있었기 때문에 굳이 달성으로부터 먼 거리에 있는 곳의 연꽃을 특별히 좋아해야 할 이유가 없었을 것이다. 특히 영선못은 조선 초기 제언(堤堰) 기록에도 나타나지 않아, 조선 초기의 제언인 남소로 보는 것은 이치에 맞지 않는다.

『해동지도』, 『여지도』, 『지승』, 『경주도회(좌통지도)』 등을 보면 남소(남지)는 달성의 아래쪽에 위치하면서 또한 대구읍성 서문의 좌측에 표현되어 있다. 위치상으로 볼 때 지금의 서문시장 자리인 천왕당지를 남소로 보는 것이 타당하리라 판단된다. 특히 '대구십영'이 모두 나타나 있는 「달성도」를 살펴봐도 그러한 판단이 가능하다. 「달성도」에는 1665년(현종 6년) 연귀산에 구암사로 창건된 구암서원이 1718년(숙종 44년) 지금의 신명고등학교 옆에 이전한 것으로 나타나 있다. 따라서 「달성도」는 18세기 이후에 제작된 것으로 판단되는데, 여기서 달성 아래에 위치하면서 구암서원 바로 뒤편에 해당하는 언덕을 동산으로 본다면 남소는 서문시장 일대에 해당하게 된다(그림 40).

물론 서거정이 '대구십영'을 짓던 시기인 15세기에도 천왕당지가 존재했는지는 명확하지 않다. 당시 지리서인 『세종실록지리지』, 『경상도속찬지리지』 등에 천왕당지라는 이름은 존재하지 않는다. 조선 초기부터 있었던 대구지역의 제언으로는 대구 서상의 연화제, 서하하의 성당제, 감물삼제, 사리동리제 등이어서 천왕당지를 위치적인 관점에서만 분석하여 남소로 보기에는 여전히 무리가 가는 것도 사실이다. 그런데 『달성서씨학유공파보』 상권의 기록 중, 1800년 전후에 발간된 것으로 추정되는 송환기의 『성원현록』의 내용을 요약하면 다음과 같다.

"세종께서 구계 서침 선생이 살고 있는 달성의 지형이 말〔斗〕과 같아서 천혜의 성이므로 국가에 바치고 대신에 남산 옛 역터에 더하여 연신지(蓮信池)와 신지(新池 또는 蓮信新池)를 주고자 하였다. 그러나 서침 선생은 나라 땅이 모두 국왕의 땅인데 보상을 받음은 당치 않다고 하면서 사양하자, 세종은 그에게 다른 청을 하라고 했다. 이때 서침 선생은 개인의 사사로운 보상보다는 대구 지역민 모두에게 혜택을 주었으면 한다면서 대구 지역민들에게 상환곡 이자를 한 섬당 5되 감해 주기를 청하였다. 세종은 서침의 인간됨을 높이 사고 그의 청을 들어주게 되었다. 이로부터 대구 지역민들은 수백 년 동안 상환곡 이자를 탕감받게 되어 그 보답으로 구계 서침 선생의 공덕을 찬양하여 대구의 진산인 연귀산 북편에 구암사(나중에 구계서원으로 명칭이 변경됨)를 짓고 제향하였다.'"

여기서 중요한 것은 세종이 서침 선생에게 주려고 한 연신지와 신지이다. 1760년대에 발간된 『대구읍지』에 따르면 연신제와 신제는 대구도호부 서상면에 소재하는 제언임을 알 수 있다. 그러나 15세기 고문헌에는 연신지와 신지가 기록에 나타나지 않는다. 그러나 여기서 한 가지 고려해야 할 부분은 『대구읍지』처럼 한 지역을 소상하게 다루는 지지가 아니라면 중요하지 않은 내용은 생략된 경우가 많았을 것이다. 실제로 『세종실록지리지』에는 대제(大堤)라 해서 대구지역의 큰 제언, 즉 비교적 큰 성당제, 불상제 등만을 기록했을 가능성이 크다. 따라서 연신지와 신지가 세종 때 존재했음을 나타내는 기록은 송환기의 『성원현록』이 유일하므로 다른 기록이 없는 상황에서는 이를 받아드릴 수밖에 없다.

그렇다면 연신제와 신제 그리고 연화제는 구체적으로 서상면 어디에 존재했는지가 남소의 위치를 고증할 수 있는 관건이다. 그러나 여기에 대해서는 믿을 만한 기록은 없으나, 달성 서씨 후손 중 한 사람이 인터넷에 칼럼 형식으로 기고한 글을 보면 연신지는 영선못(영선지)이고, 신지는 천왕당지라는 내용이 나온다. 물론 이를 뒷받침할 만한 근거나 출처는 전혀 없기 때문에 논리적으로 수용할 수는 없다. 다만 남소가 기존의 성당지로 인식되어 오던 생각을 어느 정도 바꿀 수 있는 단초는 될 것이

그림 40. 1920년 천왕당지를 메우고 들어선 서문시장
(천왕당지는 남소로 판단되며, 조선 초 연신지, 또는 연신신지로 추정된다.)

다. 그러나 여전히 해결되지 않는 것은 연화제, 연신제, 신제 중 어느 것이 남소인가
의 문제인데, 이것은 아직도 명확한 결론을 내릴 수가 없다.

그런데 18세기 초 무렵 발간된 고지도로 추정되는 『해동지도』의 경우, 지도 상에
는 남소만 표시하고(그림 36) 성당지, 연화지, 불상지 등은 '대구부의 주기'에 표현하
였다. 따라서 성당지나 연화지가 남소가 아님은 분명하다. 그러면 현재의 서문시장
자리가 과거에 천왕당지였고, 세종 때 대구 서상면에 존재했던 3개의 제언 중 연화

제를 제외하면 연신제와 연신신제만이 남소일 가능성이 있게 된다. 그런데 이름만으로 판단하면 연신신제는 연신제 이후에 축조되었을 것이다. 1760년대에 발행된 『대구읍지』의 제언과 관련시켜 보면, 대구도호부 서상면에는 오로지 동일한 이름의 연신제만 두 개 기록되어 있으나 연신제와 연신신제를 구별하기는 불가능하다. 아무튼 두 제언 모두 인접한 곳에 위치하였을 것으로 판단되므로 남소를 연신제나 연신신제로 보는 것은 논리적으로 타당하다. 그러나 남소일 것으로 추정되는 연신제 또는 연신신제가 어떻게 천왕당지로 지명의 변천을 이루어 왔는지는 현재로서는 알 길이 없다.

제6영
북벽향림(北壁香林) : 향산의 측백나무 숲
시제는 세 고문헌 모두에서 동일하다. 내용의 경우 역시 세 고문헌 모두에서 동일하지만, 글자가 다르게 표현된 경우가 『신증동국여지승람』에서 나타난다. 전구의 '은근'이라는 글자가 『사가집』과 『대구읍지』에서는 '은근(慇懃)'으로 표현된 반면, 『신증동국여지승람』에서는 '은근(殷勤)'으로 표현되어 있다. 『사가집』과 『대구읍지』에서의 '은근(慇懃)'이 올바른 표현이다. 한편, 기구의 옥삭(玉槊)은 '벽옥의 창대' 같다는 말에서 나온 것으로 원래는 대나무를 비유한 표현이다. 여기서는 삼나무(杉)를 비유하고 있는데, 실제로는 측백나무를 비유한 표현이다. 측백나무는 4월에 꽃이 피고, 9~10월에 열매를 맺는 상록침엽교목으로 내한성, 내건성, 내공해성의 특성을 가지며, 그늘에서도 자라고 관상용, 조경용, 약용(잎은 지혈효과), 울타리, 향 재료 등으로 널리 활용되는 나무이다. 중국에서는 소나무를 모든 나무의 으뜸으로 삼았고, 그다음을 측백나무로 여겼다. 주나라 때는 묘지에 심는 다섯 가지 관인 수종 중 하나로서 왕족의 묘에 심기도 하였다. 따라서 문묘나 사찰, 묘지 등에서 많이 볼 수 있다.

– 한시 원문

제6영 북벽향림(北壁香林)

고벽창삼옥삭장(古壁蒼杉玉槊長) 장풍부단사시향(長風不斷四時香)

은근경착재배력(慇懃更着栽培力) 유득청분공일향(留得淸芬共一鄕)

– 한시 해석

제6영 향산의 측백나무 숲

오래된 절벽에 붙어 사는 푸른 측백나무가 옥창처럼 길구나

연중 바람 타고 그윽한 향기를 보내니

은근히 다시금 힘들여 키워 낸다면

맑은 향기 온 마을에 가득하겠네.

대구시 동구 도동 산 180번지 불로천 변 하식애에 군락을 이루어 서식하는 울창한 측백나무 숲과 숲의 향기가 바람을 타고 온 마을을 감싸는 풍경이 눈에 선하다. 시상을 떠올리는 주요 매체로는 오랜 절벽바위(하식애), 측백나무 숲의 향기, 바람, 고을 등이다. '북벽향림'에서 북벽이라 함은 제5영 '남소하화'의 남소에 대응되는 위치적 구절이다.

그림 41. 동구 불로천 변 하식애에 서식하는 천연기념물 제1호 '대구 도동 측백나무 숲'

조선시대 대구지역의 방위는 1601년 이후 대구지역에 상주했던 경상감영(현 경상감영공원)을 중심으로 결정된다. 천왕당지로 추정되는 '남소'는 경상감영의 남쪽에 위치하고, 향산인 '북벽'은 경상감영의 북쪽에 위치한다. 북벽은 현재 향산으로 불리는 작은 산으로 『대구읍지』에서는 불교 용어로 판단되는 라가산(羅伽山)으로 표현하기도 했다.

도동의 측백나무 숲은 우리나라 천연기념물 제1호(1962년 12월 3일 지정)로 대구 달성군의 비슬산에 있는 암괴류(천연기념물 제435호)와 더불어 대구지역에는 두 곳밖에 없는 소중한 천연기념물이다. 절벽바위에 붙어 서식하는 측백나무로 천연기념물로 지정된 경우는 안동시 남후면 광음리의 측백나무 자생지(제 252호), 영양군 영양읍 감천리의 측백수림(제114호), 단양군 매포읍 영천리의 측백수림(제62호) 등이 있다. 예전에 측백나무가 중국 원산으로 인식되어 오던 터에 도동의 측백나무 숲은 우리나라 자생 수종임을 알려 주는 중요한 학술적 가치를 지니고 있을 뿐 아니라 측백나무의 남방 한계지라는 점에서 자연지리학적으로도 중요하다. 더군다나 수려한 불로천의 하식애와 더불어 향기를 간직하는 측백나무 숲의 조화로움을 서거정은 일찍이 '대구십영'의 하나로 표현하고 있어 그의 넓은 안목을 볼 수 있다.

불로천을 따라 상류로 더 올라가면 제법 큼지막한 넓은 분지가 펼쳐지는데 이름하여 평광동(현재는 도동과 평광동이 합쳐져 도평동으로 불림)으로 1960~1970년대 고시준비생들에게는 꽤나 유명했다. 거기서 다시 산 위로 가까이 가면 후삼국 두 영웅 고려의 왕건과 후백제의 견훤 간에 벌어진 공산전투에서 크게 패하여 도주하던 왕건의 흔적이 고스란히 남아 있는 시랑이가 있다. 이곳은 원래 도주하던 왕건을 나무꾼이 잠시 본 후 나중에 사라진 것을 알고 왕을 잃어버린 곳이라는 의미에서 실왕(失王)이라는 지명이 붙게 되었으나, 경상도 특유의 쉬운 발성법으로 인해 나중에 시랑이로 불리게 되었다 한다. 또한 평광동에는 1935년 5년생 홍옥 품종을 심어 자라난 대구지역 최고(最古) 수령의 사과나무가 있어 여러모로 대구를 알리는 데 소중한 지역으로 자리매김할 수 있는 곳이다. 이곳의 재미나는 이야깃거리를 제대로 엮어 좋은 스토리텔링 명소를 만들어 보자.

제7영

동사심승(桐寺尋僧) : 동화사의 스님을 찾아가다

시제가 『사가집』과 『신증동국여지승람』에서는 '동사심승(桐寺尋僧)'으로 표현하였
으나, 『대구읍지』에서는 '동화심승(桐華尋僧)'으로 표현하고 있다. 서거정의 다른
연시에서도 사찰의 경우는 중간 명칭을 제외하고 사찰의 첫 명칭과 마지막 명칭인
사(寺)를 사용하여 시제로 삼고 있는 것을 고려할 때, '동사심승'이 원래 시제인 것
으로 판단된다.

내용의 경우, 『사가집』의 것이 모두 정확한 것으로 판단된다. 『신증동국여지승람』
의 경우 기구의 '석경층(石徑層)'에서 '경(徑)'으로 표현한 반면, 『사가집』과 『대구읍
지』에서는 '경(逕)'으로 표현하고 있다. 그러나 '지름길 경, 곧을 경, 지날 경'의 의미
를 가지는 '경(徑)'보다는 '좁은 길 경, 이를 경, 가까울 경'의 의미를 가지는 '경(逕)'
이 의미상 더 적합할 것으로 판단된다. 또한 『대구읍지』 승구에서 표현된 '청등(靑
藤)'의 경우, '등'이 바지 입을 때 정강이에 감아 무릎 아래에 매는 일종의 각반인 행
전(行纏)을 의미하는 '등(滕)'이 아니라 등나무 지팡이를 의미하는 '등(藤)'으로 표현
하고 있는데, 이는 명백한 오기이다. 왜냐하면 『대구읍지』에 기록된 내용대로 해석
을 하면 '푸른 등나무 지팡이에 흰 버선과 검은 등나무 지팡이'가 된다. 그러나 『사
가집』과 『신증동국여지승람』에 기록된 내용대로 해석하면 '푸른 행전에 흰 버선과
검은 등나무 지팡이'가 되어 승려의 일반적인 복장을 잘 표현하기 때문이다. 그런데
각종 홍보물이나 인터넷 매체에는 『대구읍지』의 내용이 분별없이 게재되어 많은
혼란을 초래하고 있다.

– 한시 원문

제7영 동사심승(桐寺尋僧)

원상초제석경층(遠上招提石逕層) 청등백말우오등(靑縢白襪又烏藤)

차시유흥무인식(此時有興無人識) 흥재청산부재승(興在靑山不在僧)

– 한시 해석

제7영 동화사의 스님을 찾아가다

저 멀리 절로 이르는 돌계단 길을 따라 오르니

푸른 행전에 흰 버선과 검은 등나무 지팡이

지금의 즐거움을 아는 이 없네

즐거움은 승려가 아니라 청산에 있다네.

동화사는 워낙 유명한 절이라 필자가 알고 있는 수준에서 제대로 알리기는 어려울 것 같아 동화사 홈페이지에 기재되어 있는 내용을 잠시 소개하기로 한다.

대한불교조계종 제9교구 본사로 대구광역시 동구 도학동 팔공산에 위치한 동화사 창건에는 두 가지 설이 있다. 하나는 '동화사사적비'에 실려 있는 기록으로, 493년(신라 소지왕 15년) 극달화상이 세운 유가사를 832년(흥덕왕 7년)에 심지대사가 재창건할 때 사찰 주변에 오동나무 꽃이 겨울에 만발해 있어 동화사라 개칭하였다고 한다. 다른 하나는 『삼국유사』의 기록으로, 진표율사로부터 영심대사에게 전해진 팔간자를 심지대사가 받은 뒤 팔공산에 와서 이를 던져 떨어진 곳에 절을 지으니 이곳이 바로 동화사 첨당 북쪽 우물이 있는 곳이었다는 이야기이다. 이 두 가지 창건설 가운데 신

그림 42. 함박눈이 내린 날 동화사의 승려를 찾아가다

라 홍덕왕 7년 심지대사가 재창건한 시기를 사실상의 창건으로 보는 것이 일반적인
견해라고 한다. 그 후 여러 차례 중창과 개축을 거쳐 오늘에 이르고 있다.

시상을 떠올리는 주요 매체로는 동화사란 절과 돌층계 길, 푸른 행전, 흰 버선, 검은
등나무 지팡이, 승려 등이다. 특히 승구에서 표현한 "푸른 행전에 흰 버선과 검은 등
나무 지팡이"에서는 동화사에 이르는 돌층계 길을 올라가는 승려의 모습을 떠올릴
수 있다. 전구에서는 그렇게 돌층계 길을 오르는 승려가 흥겨워 보일 것 같으나, 결
구에서 보듯이 결국 흥겨움은 청산에 있다고 하면서 자연의 위대함과 아름다움을

극적으로 나타내고 있다.

제8영

노원송객(櫓院送客) : 노원에서 그대를 보내며

시제와 내용 모두 『사가집』, 『신증동국여지승람』, 『대구읍지』 세 고문에서 동일하게 기록되어 있어 시제나 내용상의 이견이 없다. 기구의 '관도'는 영남대로(嶺南大路)이다. 조선시대에는 각 지역에서 서울로 가는 9개의 주요 관도가 있었는데, 그중 가장 대표적인 것이 부산에서 서울까지 이어지는 영남대로였다. 전구의 '양관(陽關)'은 양관곡(陽關曲)을 말하며, 이별곡으로 양관삼첩(陽關三疊)이라고도 한다. '양관'이란 왕유(王維)의 시 '송원이사안서(送元二使安西)'에 나오는 말로서 그의 한시를 소개하면 다음과 같다. "위성조우읍경진(渭城朝雨浥輕塵), 객사청청유색신(客舍靑靑柳色新), 근군경진일배주(勤君更進一杯酒), 서출양관무고인(西出陽關無故人)." 즉, "위성에 아침 비가 내려 가벼운 먼지를 적시네, 객사는 푸르디푸르고 버드나무 잎은 새롭기만 하네. 또다시 한 잔의 술을 그대에게 권하노니, 서쪽 양관으로 가 버리면 아는 이가 없지 않은가."로 해석된다.

– 한시 원문

제8영 노원송객(櫓院送客)

관도년년유색청(官道年年柳色靑) 단정무수접장정(短亭無數接長亭)
창진양관각분산(唱盡陽關各分散) 사두지와쌍백병(沙頭只臥雙白瓶)

살고 싶은 그곳, 흥미로운 대구 여행

– 한시 해석

제8영 노원에서 그대를 보내며

해마다 관도에는 버드나무 잎이 푸르네

단정은 장정에 무수히 이어져 있고

양관곡을 다 부른 뒤 서로 헤어지니

모래사장 위에는 흰 술병만 두 개 나뒹굴고 있네.

노원에서의 송별을 읊은 시이다. 노원은 '대로원'으로, 조선시대 대구의 북쪽 관문으로 영남대로가 지나는 교통의 요충지이다. 지금은 금호강에 팔달교가 있어 교통이 편리해졌지만, 교량이 없었던 조선시대에는 팔달진이라 하여 나루터가 여객이나 화물의 수송을 담당했다.

시상을 떠올리는 주요 시어는 관도, 푸른 버들잎, 주막, 이별 노래, 모래밭, 흰 술병 등이다. 기승전결 중 기구의 푸른 버들잎과 결구의 흰 술병은 청아한 색조의 조화를 이룬다. 송별을 노래한 시답게 구구절절 애처로움이 묻어난다. 특히 시에서 나타나는 관도(영남대로) 일대의 가로수인 버드나무와 주막이 어우러진 모습이며, 금호강의 흰 백사장이 당시의 생생한 경관을 사실적으로 보여 주고 있다. 앞으로 이러한 모습을 담을 수 있다면 대구의 정체성을 살림은 물론 외국의 사례를 벤치마킹하는 것보다 훨씬 본질적인 문화생태환경 복원사업이 될 것이다.

영남대로는 주지하듯이 조선시대 영남지방과 수도인 한양 간에 인적·물적 교류가 활발히 진행된 주요 도로로, 오늘날의 경부고속도로나 경부철도선과 같은 존재였다. 영남대로는 영남의 선비들이 한양으로 과거시험을 보러 가던 꿈과 희망의 길인

그림 43. 금호강을 가로지르는 도시철도 3호선 금호강교(왼쪽)와 팔달교(오른쪽)
(조선시대에는 이곳에 나루터가 있어 영남대로를 연결해 주었다.)

동시에 수많은 물자를 교역하던 생명의 길이었다. 그러나 한편으로는 이별을 노래
하던 슬픔의 길이기도 하였다. 대구에는 아직도 영남대로가 비교적 온전하게 남아
있다. 예를 들면, 약전골목과 달구벌대로 사이에 위치한 떡전골목 일대로부터 현대
백화점 뒤편 골목길, 이상화 고택, 서상돈 고택에 인접한 골목으로 이어지는 길이
영남대로의 일부에 해당한다. 도심지에 위치한 영남대로와 대구읍성은 대구의 소
중한 문화역사 자원이다. 대구시와 중구청은 이들 자원의 발굴과 보존 그리고 활용

방안을 위해 힘을 합쳐야 할 것이다.

제9영
공령적설(公嶺積雪) : 팔공산에 쌓인 눈

시제와 내용 모두 『사가집』, 『신증동국여지승람』, 『대구읍지』 세 고문에서 동일하게 기록되어 있어 시제나 내용상의 이견이 없다. 동지 이후 세 번째 돌아오는 술일(戌日)에 지내는 제사를 납향제(臘享祭)라 하는데, 삼백(三白)은 납향제 이전까지 세 차례에 걸쳐 오는 눈을 말하거나, 또는 음력 정월에 사흘 동안 내린 눈을 의미하기도 한다. 속설에 삼백이 내리면 그해 풍년이 든다고 한다.

– 한시 원문

제9영 공령적설(公嶺積雪)

공산천장의릉층(公山千丈倚崚層) 적설만공항해징(積雪漫空沆瀣澄)
지유신사영응재(知有神祠靈應在) 연연삼백서풍등(年年三白瑞豊登)

– 한시 해석

제9영 팔공산에 쌓인 눈

팔공산 천 길 높고 층층이 험준하네
하늘 가득히 쌓인 눈은 많은 물과 찬 이슬같이 맑기만 하네
신사에 신령이 존재함을 당연히 알겠구나
해마다 삼백이 내려 상서로운 풍년을 맞이하겠네.

팔공산과 그곳에 쌓인 눈의 아름다운 풍경을 담고 있는 시이다. 특히 한 해 첫눈에 해당하는 정월의 서설 삼백은 풍년까지 기약할 수 있는 눈이라, 수려한 풍광은 물론 심리적으로도 중요한 풍광이다. 시상을 떠올리는 시어로는 팔공산, 눈, 사당과 신령, 풍년 등으로 제3영의 '귀수춘운(연귀산의 봄 구름)'처럼 풍년을 바라는 기원의 성격이 강하다.

대구의 명산이자 한국의 명산이기도 한 팔공산은 보기에도 훤한 화강암으로 구성되어 있어 경관이 수려할 뿐만 아니라, 수질도 뛰어나다. 화강암을 구성하는 장석 성분이 수질을 좋게 만드는 역할을 하기 때문이다. 팔공산은 주봉을 중심으로 동쪽의 동봉(미타봉)과 서쪽의 삼성봉(서봉)이 있어 균형 잡힌 산세를 보인다. 신라시대에는 부악(父岳), 중악(中岳), 공산(公山)이라 불렸는데, 특히 중악은 나라에서 중사(中祀)를 지내던 5악 중의 하나였기 때문에 붙여진 이름이다.

팔공산은 대한불교조계종 제9교구 본사인 동화사, 제10교구인 은해사를 비롯해 파계사, 부인사, 선본사, 북지장사, 송림사, 수도사 등 많은 사찰과 부속 암자들이 산재해 있는 불교문화의 산실이다. 제대로 된 불교문화 테마 관광단지를 조성할 것 같으면 불교적 특성에 맞는 느린 생활방식에 토대를 둔 슬로 라이프 타운(slow life town) 조성으로 방향을 잡을 필요가 있다. 즉 선(禪) 문화, 사찰 음식 문화를 비롯해 인근의 다양한 전시관, 박물관 및 체험관을 연계시켜야 한다. 거기에다 팔공산의 수많은 명품 이야기를 발굴하여 이미 조성된 팔공산의 길(올레길, 왕건길 등)과 새롭게 조성 중인 팔공산 둘레길에 입혀 팔공산을 알려 나간다면 금상첨화일 것이다. 아울러 팔공산의 정체성 확립을 위해 넓은 터를 마련하여 '중악광장'을 만들고 그 터에 팔공산의 모든 이야기를 담아낼 큰 그릇으로 '팔공산박물관'을 조성해 볼 만하다.

그림 44. 눈 덮인 팔공산 원경

이렇게만 할 수 있다면 지금까지 방치해 오다시피 한 팔공산에게 우리의 얼굴을 그나마 약간이라도 들 수 있을 것이다. 대구 없는 팔공산은 상상할 수 있지만, 팔공산 없는 대구는 상상조차 안 된다. 팔공산이야말로 대구를 대구답게 해 줄 수 있는 최고의 자산이다. '살고 싶은 그곳, 대구!'는 팔공산이 있기에 가능한 것이다.

제10영

침산만조(砧山晩照) : 침산에서 바라보는 저녁노을

시제와 내용 모두 『사가집』, 『신증동국여지승람』, 『대구읍지』 세 고문에서 동일하게 기록되어 있어 시제나 내용상의 이견이 없다.

– 한시 원문

제10영 침산만조(砧山晩照)

수자서류산진두(水自西流山盡頭) 침만창취속청추(砧巒蒼翠屬淸秋)

만풍하처용성급(晩風何處舂聲急) 일임사양도객추(一任斜陽搗客愁)

– 한시 해석

제10영 침산에서 바라보는 저녁노을

물은 서쪽으로 흘러 산머리에 이르고

침산은 푸른 비취빛의 맑은 가을빛을 띠고 있네

저녁 바람에 급히 나는 방아소리 그 어디인가

석양의 나그네 근심도 찧도록 맡겨 볼까나.

대구십영 중 마지막 제10영으로 침산에서 석양을 바라보며 느끼는 나그네의 감흥을 적나라하게 펼쳐 보이는 매우 서정적인 시이다. 시상을 띄우는 소재는 금호강의 물, 침산, 가을, 방아소리, 석양, 나그네의 근심 등으로 다소 외롭게 느껴질 수 있는 그러한 시어이다.

그림 45. 침산에서 바라본 저녁노을

침산은 생긴 모습이 다듬잇돌을 닮아 붙여진 이름이다. 침산은 신천이 금호강으로 합류하는 지점에 위치하고 있어 풍수에서는 수구막이 산이라 판단하여 중요하게 여긴다. 침산은 작은 구릉지임에도 불구하고 지리적으로나 문화적으로 유명세를 타는 덕에 이름도 많다. 봉우리가 5개여서 오봉산, 1906년 대구읍성을 허물게 한 장본인인 경북관찰사서리 겸 대구군수 박중양 소유의 땅이라 해서 '박작대기산' 등 으로도 불렸다. 지금도 일대에 사는 어르신들은 '박작대기산'으로 부른다. 조선시 대 여귀(厲鬼, 제사를 받지 못하는 귀신이나 나쁜 돌림병을 옮기는 귀신)에게 제사를 지내던 여제단(厲祭壇)이 있어 소중한 장소로 인식되어 왔다. 이처럼 중요한 산임에도 불구하고 지금의 침산 모습은 오히려 유린되었다는 표현이 어울릴 정도로 극도로 황폐화되어 있다.

서거정이 대구의 아름다운 풍광 중 하나로 생각했던 침산이 이런 모습으로 남아 있기까지는 대구시민들의 문화의식 수준도 수준이거니와 문화를 담당하는 지방정부의 문화적 마인드도 수준 이하였음을 잘 보여 준다고 하겠다. 침산을 관할하는 북구청의 문화적 마인드도 별반 다를 게 없다. 봉우리 5개로 구성된 산 능선마다 공원 수준의 각종 시설물을 비롯해 심지어는 골프 연습장까지 설치되어 있어, 이곳이 과연 옛날에 여제단이 있었던 산이며 대구십영의 하나였을까 할 정도로 의아스럽다. 고층 빌딩의 장애물에도 불구하고 침산에서 내려다보는 대구의 전경과 특히 침산만조는 아직도 아름다움을 잃지 않고 있다. 차제에 제대로 된 보존 방안이 마련되어 대구의 명소로 거듭나야 할 것이다.

팔공산에서 벌어진 왕건과 견훤 간의 처절했던 공산전투

01

대구로 입성한
왕건

통일신라 말기에 신라의 국력이 쇠퇴해짐에 따라 후백제의 견훤과 고려의 왕건 간에 삼국의 주도권을 잡기 위한 일대 격전이 벌어졌다. 그 가운데 팔공산에서 벌어진 공산(동수)전투는 견훤과 왕건이 목숨을 건 한관의 처절한 전투였다는 사실을 우리는 역사를 통해 잘 알고 있다. 결과적으로 견훤에게 쫓기던 왕건이 천신만고 끝에 살아나서 삼국을 재통일하는 과정은 한 편의 역사 드라마이다.

필자는 1,000여 년 전 왕건과 견훤이라는 두 영웅이 팔공산에서 벌였던 공산전투에 관해 지금까지 전해지는 역사적 자료와 구전을 토대로 추적해 보았다. 또한 왕건의 공산전투 격전지와 퇴로를 현장 답사에 기초하여 지리학적 관점에서 추정해 보았다.

필자는 공산전투 격전지와 왕건의 퇴로를 알아보기 위해 팔공산과 앞산을 수도 없이 다녔다. 공산전투지와 왕건의 퇴로를 답사하는 동안 1,000여 년 전 두 영웅 간의 쫓고 쫓기는 처절했던 순간들을 머릿속에 그리면서 힘든지도 몰랐다. 학자들 간에 이견이 있거나 전혀 언급이 없는 퇴로에 대해서는 여러 차례에 걸쳐 정밀 답사를 진행하여 가능한 한 합리적인 고증을 하려고 노력했다.

지금까지 알려진 공산전투지와 왕건의 퇴로는 다음과 같다.

무태 ⋯ 연경동 ⋯ 지묘동 ⋯ 미대동 ⋯ 동화사 일대(견훤 세력 근거지) ⋯ 백안동 ⋯ 능성동 ⋯ 은해사 부근 ⋯ 나팔고개 ⋯ 살내(동화천) ⋯ 파군재 ⋯ 왕산 ⋯ 독좌암(봉무동) ⋯ 불로동 ⋯ 평광동 ⋯ 시랑이 ⋯ 매여동 ⋯ 안심(반야월) ⋯ 금호강 건넘 ⋯ 은적사 ⋯ 안일사 ⋯ 왕굴 ⋯ 임휴사 ⋯ 성주 ⋯ 김천 ⋯ 문경새재 ⋯ 충주 ⋯ 개성

왕건과 그의 군사들은 고려 태조 9년(927년) 늦가을 내지 초겨울에 개성을 출발하여 충청도의 충주와 전략 요충지인 문경새재를 넘어 경북 점촌·상주·선산을 경유하여 팔공산 기슭에 도달한다, 여기까지는 일반적인 경로로 해석된다.

그런데 기존 경로에서의 문제는 팔공산 기슭에 도착한 왕건과 그의 군사들이 지금의 서변동인 무태(無怠)를 가장 먼저 지났다는 것이다. 필자도 과거에는 이러한 내용에 동의해 왔었다. 그러나 지금의 생각은 다르다. 왕건 일행이 선산을 경유하여 팔공산으로 처음 진입한 곳은 무태가 아니라 칠곡이라고 본다.

왕건은 칠곡으로부터 견훤의 측근 군사(법상종 계열의 승병)와 최초의 일전을 벌이게 되는 동수, 즉 동화사 방면으로 가는 중이었다. 그러나 날이 저물어 팔공산 자락에서 숙영을 하게 되는데 그 최초의 장소는 팔공산순환도로 변에 위치한 대왕골이었다. 이곳 지명은 대왕골, 대왕암, 대왕재로 불리고 있는데, 대왕은 바로 왕건을 의미한다고 한다. 대구 동구 덕곡동과 경북 칠곡군 기성면의 경계인 대왕재는 팔공산순

그림 46. 대왕재와 대왕골 일대

환도로를 이용해 대구에서 칠곡으로 넘어가는 도중에 나타나는 작은 고개이다. 당시 기병 5천이 대왕골(현재 대구선명학교, 송광매기념관 자리)에서 숙영하였고, 왕건은 수행 중인 장군들과 바위에 앉아 전략을 숙의했던 것으로 전해지고 있다(그림 46). 그때 왕건이 앉았던 바위가 대왕암이며 지금도 그 자리에 있다. 이를 주장하는 사람 중에는 대왕골에서 송광매기념관을 운영하는 권병탁 전 영남대 교수가 있다. 그는 이러한 얘기를 인근 주민들로부터 오래전부터 들어 왔다고 한다.

이런 여러 가지를 고려할 때, 팔공산에서의 왕건 최초 행로는 무태가 아니라 대왕재가 된다. 즉, 왕건이 전투를 하러 팔공산에 진입했다면 칠곡에서 무태보다는 팔공산순환도로 조성 이전의 옛길(대체로 옛길을 넓혀 팔공산순환도로로 조성)을 통해 대왕재로 진입했을 것이라는 추정은 상당히 합리적이라 판단된다. 실례로 칠곡 함지산에는 삼국시대 축조된 신라의 팔거산성이 있어 일대가 당시에도 전략적 요충지였음을 알 수 있다. 대왕재 이후부터는 기존의 행로와 대체로 비슷하게 전개된다고 볼 수 있다.

02

파군재에서
최후의 일전

대왕재에서 하룻밤을 숙영한 왕건 군대는 주변 정보망을 이용하여 곧바로 동화사로 진격해 들어간다. 동화사에는 당시 견훤 세력인 법상종 계열의 승병들이 진을 치고 있었기 때문에 왕건이 가장 먼저 이곳을 치게 된 것이다. 작은 규모의 승병을 제압한 왕건은 견훤의 주력 부대가 어디에 있는지를 캐물었다. 그러나 동화사 일대에서 진을 쳤던 병력은 염탐꾼들로 왕건에게 거짓 정보를 제공하였다. 거짓 정보를 들은 왕건과 그의 군사들은 백안동을 거쳐 대구와 경산 경계에 있는 능성재를 넘어 은해사 일대로 가서 매복하게 된다. 그러나 이곳에는 앞서 거짓 정보를 흘려 이곳까지 왕건과 그의 군대를 유인한 견훤의 넷째 아들 금강왕자가 미리 역매복하고 있었다. 기회를 잡은 금강왕자는 역습하여 왕건의 군대에 큰 타격을 주었다. 제대로 싸워 보지도 못하고 크게 패한 왕건과 그의 군사들은 영천 서쪽 30리 부근에 위치한 조그마한 산봉우리인 태조지(太祖旨)까지 퇴각하였다. 왕건은 여기서 군사를 일단 수습한다. 그리고 능성재를 넘어 무태 쪽으로 돌아가던 중 현재의 지묘동 팔공보성타운

그림 47. 나팔고개(지묘동에서 연경동으로 이어지는 고개)

근처 완만한 고개에 이른다. 이때 왕건의 군대를 추격하는 견훤 군대의 진군 나팔소리를 들었다고 해서 현재 이 고개는 나팔고개라 불린다(그림 47).

퇴각하던 왕건 군대는 무태에서 고려 지원군을 만나게 된다. 왕건이 기병 5천을 이끌고 개성을 출발하기 전에 이미 신라의 요청을 받고 왕건의 명령으로 보병 1만을 이끌고 출발한 공훤의 군사가 그제야 도착한 것이다. 원래는 공훤 군사만 보내고 왕건은 가지 않을 생각이었으나 신라로부터 신속한 지원을 재차 요청받자, 왕건이 기동력이 앞서는 기병을 데리고 출전하였던 것이다. 그러나 왕건 군대는 견훤 군대의 전략에 속아 은해사 일대에서 역매복해 있던 견훤 군사에게 맥없이 당하고 퇴각하는 신세에 처했던 것이다. 다행히도 무태에서 공훤 군대를 만난 왕건은 견훤 군사와 다시금 치열하게 싸우게 된다. 작은 하천을 사이에 두고 양 군사 진영에서 쏜 화살은 하천을 가득히 메웠고, 이렇게 해서 살내[전탄(箭灘)]라는 지명이 생겨나게 되었다. 전투가 얼마나 치열했으면 하천이 온통 화살로 가득했을까? 이 전투의 현장은 현재의 서변동과 동변동을 사이에 두고 흐르는 동화천의 하류로서 동화천이 금호강으로 합류하는 부분으로 추정된다(그림 48).

동화천을 경계로 서쪽인 서변동은 고려 군대가, 동쪽인 동변동은 후백제 군대가 진을 치고 치열한 전투를 벌였다. 그러던 중 전투는 일시적으로나마 지원군을 등에 업은 고려군이 약간씩 전세를 회복하게 된다. 무태에서 일시적인 승기를 잡은 왕건은 견훤 군사가 퇴각하는 것을 보고 추격에 나선다. 그런데 은해사 일대에서 역매복한 견훤 군대에게 크게 당한 터라 왕건은 군사들에게 태만하지 말고 각별히 경계하면서 추격하라고 했고, 그런 의미에서 무태라는 지명이 생겼다고 한다. 그러나 일각에서는 왕건이 이곳을 지날 때 사람들이 열심히 일하는 모습을 보고 부지런한 사람들이 사는 마을이라고 해서 붙여진 이름이라고도 하는데, 전자의 말이 더 타당성이 있는 것으로 판단된다. 왜냐하면 당시 무태에 사는 사람이라고 특별히 부지런할 이유가 없었기 때문이다.

무태 다음의 연경(研經)은 왕건이 무태를 지나 지금의 연경동 쪽으로 이동하던 중, 이곳 마을에서 책을 읽는 소리를 듣고 그 사람이 누구인지를 물었던 사연과 관련이 있는 것 같다. 당시에는 한문 경서를 소리 내어 읽고 그 뜻을 새기면서 공부를 한 것으로 판단되므로 이러한 의미에서 연경이라는 동네 지명이 생겼다는 이야기는 타

그림 48. 동화천이 금호강으로 합류하는 부분인 살내

그림 49. 동화천 서편의 무태(왼쪽)와 택지 개발 조성 중인 연경동(오른쪽)

그림 50. 파군재(파군치)의 신숭겸 장군 동상

당성이 있어 보인다(그림 49).

계속해서 지금의 파군재(파군치)까지 진격한 왕건은 이곳에서 견훤과 최후의 일전을 벌인다. 이 싸움에서 후백제군에게 크게 패한 왕건은 자신을 제외한 대부분의 장수와 군사를 잃게 된다. 이로써 왕건은 생애 최대의 위기를 맞았으며, 이때의 치욕적인 패배로 파군치(破軍峙)라는 지명이 탄생하였다(그림 50).

03

퇴각하는
왕건

왕건은 파군재에서 대패하여 목숨조차 부지하기 어려운 상황이 되었다. 이때 왕건과 외모가 비슷하게 생긴 장절공 신숭겸 장군이 왕건의 복장을 하고 왕건처럼 행동함으로써 왕건은 단신으로 간신히 사지를 빠져 나갈 수 있었다. 오늘날 이곳의 지명이 지묘동(智妙洞)으로 불리는 것은 바로 이러한 전략적 지혜가 기묘했다는 데서 나온 것이다. 또한 왕건이 파군재 전투에서 패한 후 잠시 물러가 몸을 수습한 곳을 왕산이라 하는데, 현재 신숭겸 장군 유적의 뒤편에 위치한 산이다(그림 51). 필자가 약 10여 년 간 관찰해 온 바에 의하면, 왕산은 3~4년에 한 번꼴로 화재가 발생해 왔다. 그때마다 화재는 왕산의 오른쪽에만 발생하여 왼쪽 부분과는 대조를 이루는 광경을 보이곤 했다. 그래서 사람들은 신숭겸 장군의 원혼이 서려 그런 것이라는 말을 하기도 한다.

신숭겸의 기묘한 전략에 힘입어 홀로 사지를 탈출한 왕건은 불로동으로 간다는 것이 당황하여 반대편인 동화사 염불암 쪽으로 탈출하게 되었다. 염불암으로 간 왕

그림 51. 지묘동에 위치한 신숭겸 장군 유적과 뒤편의 왕산

건이 아무리 생각해도 길을 잘못 든 것 같아 바위 위에 홀로 앉아 고민을 하고 있을 때, 한 승려가 가까이 와서 이렇게 물었다. "그대는 누구신가?" 그러자 왕건은 도움을 받을 요량으로 자기의 이야기를 하였다. 승려는 말하기를, "나는 그대가 오실 줄 알고 있었습니다. 이 길은 잘못 온 길이오니 소승이 일러 주는 대로 가십시오." 하면서 향후의 퇴로를 상세하게 설명해 주었다고 한다. 이때 왕건이 홀로 바위에 앉았던 곳이라고 해서 그 바위는 일인석이라 불리며 지금도 염불암 뒤편에 가면 볼 수 있고, 누군가 한자로 '一人石'이라 새겨 놓았다. 사실 바위 자체는 높이 10m가 넘지만

상부에 올라가면 혼자 앉을 만한 공간이 있어 지명에 대한 신뢰감을 더해 준다. 여기서 승려로부터 퇴로에 대한 상세한 정보를 얻게 된 왕건은 쉴 새 없이 왔던 길을 되돌아 지금의 봉무동 근처에 도달하였다. 그때 평평한 바위 하나를 발견하고는 홀로 앉아 잠시 숨을 고른다. 바로 이 바위가 현재 독좌암으로 불리는 그 바위이다(그림 52). 사실 왕건과 관련한 이런 지명들은 그 당시에 바로 붙여진 이름이 아니라, 왕건이 삼국을 재통일하고 난 후 이러한 사실들이 알려지면서 민간에서 자연스레 생겨났을 것이다.

잠시 쉬면서 퇴로를 생각한 왕건은 견훤의 군대로부터 가능한 멀리 떨어진 곳으로 이동하여 불로동(不老洞)에 다다르게 된다. 그때 불로동에는 전쟁으로 어른은 모두 떠나거나 숨어 버리고 어린아이만 남아 있어서 이곳을 불로동이라 부르게 되었다고 한다. 불로동을 거쳐 불로천을 따라 북동쪽으로 이동하던 왕건은 불로천과 불로천으로 유입하는 작은 지류들이 합류하는 지점에 만들어진 일종의 작은 분지인 평광동을 지난다. 평광동에서 왕건은 불로천의 상류인 시랑이로 이동하였다. 원래 시랑이라는 지명은 실왕리(失王里)였는데 나중에 시랑이로 불리게 된 것이다(그림 53). 그러면 실왕리라는 지명은 어떻게 생기게 되었을까? 시랑이로 도주한 왕건은 아마도 차림새나 몰골이 말이 아니었을 것이다. 그러나 죽음이 바로 눈앞에 있는데, 차림새나 행색이 무슨 의미가 있었겠는가. 여기서 왕건은 나무꾼을 만나게 된다. 왕건은 쫓기던 터라 배도 고프고 피곤도 하고 목도 몹시 말랐을 것이다. 우리도 경험해 봐서 잘 알고 있듯이 배고프고, 피곤하고, 목마를 때 이 모든 것을 단번에 해결해 주는 것이 있다. 바로 물 한 바가지이다. 물 한 바가지를 벌컥벌컥 들이켜면 일시적으로 배가 불러 오면서 피곤도 사라지고 정신도 번쩍 들게 된다. 바로 이것이 절체절

그림 52. 동화사 염불암 뒤편의 일인석(위)과 봉무동의 독좌암(아래)

그림 53. 불로동의 불로동고분군(위)과 평광동 입구(아래)

명의 순간 왕건을 생사의 갈림길에서 살려 낸 것이다. 나무꾼에게서 받은 한 바가지의 물과 주먹밥으로 허기를 채운 왕건은 정신을 차림과 동시에 힘도 생기고 따라서 용기도 생기게 된 것이다.

필자는 대구시와 동구청 담당자에게 제안한다. 왕건이 그때 먹었던 이 주먹밥과 물을 관광 마케팅에 활용했으면 한다. 주먹밥은 동구지역 대표적인 식품인 연근에서 나오는 연밥을 개발하여 '왕건 주먹밥' 또는 '왕건 연밥' 등으로 스토리텔링하여 관광객을 유치하는 데 적극적으로 활용하기를 권유한다. 연근은 동구 반야월 지역이 전국 생산량의 30% 이상을 차지하는 데다 건강식품이어서 팔공산의 이미지와도 부합한다. 또한 팔공산의 지하수는 화강암 중 수질을 정화하는 효과가 탁월한 장석 성분이 들어 있는 화강암층을 통과하여 흐르므로 팔공산 물을 잘 관리하여 개발할 필요가 있다. '팔공산 왕건수'나 '팔공산 왕건 불로수' 등으로 상표 등록을 하면 그럴듯해 보이지 않을까? 또한 청정의 팔공산 물로 개발한 술, 음식, 야채 등도 이 왕건수 상표를 붙여 마케팅에 활용하면 지역경제에 많은 도움을 줄 것이다.

한편 주먹밥과 물 한 바가지를 먹고 기운을 차린 왕건은 바로 앞에 놓인 산을 넘을 수 있는 용기와 힘이 생겼다. 그 당시 왕건이 그토록 힘든 상황에서 이렇게 험한 산을 넘을 것이라고는 견훤도 미처 생각하지 못했을 것이다. 특히 견훤은 왕건을 잡으려고 동화천을 비롯한 팔공산 기슭 일대와 외곽으로 통하는 칠곡 일대에 군사를 풀어 샅샅이 뒤졌음은 명약관화한 일이다. 그럼에도 불구하고 견훤이 왕건을 잡지 못하고 놓쳐 버린 것은 왕건의 퇴로를 예상하지 못했기 때문이다. 이렇게 보면 그 당시 시랑이에서 만난 나무꾼으로부터 얻어먹은 그 한 바가지의 물과 주먹밥은 고려 건국의 일등 공신인 것이다. 지금도 시랑이를 통해 초례봉을 넘어가는 것이 말처럼 쉽지는 않다. 더군다나 길조차 희미했을 당시는 어떠했겠는가? 바로 이곳이 왕을 떠나보낸, 즉 잃어버린 곳이라 해서 실왕리라는 지명을 얻게 되었던 것이다.

왕을 잃어버린 곳이라는 의미의 실왕리는 경상도 사람들의 발음상 특징과 연관하여 결국 시랑으로 바뀌게 된다. 경상도 사람들은 복모음·중모음·된소리 등의 발음이 명확하지 못하여 이러한 발음 현상이 자주 나타난다. 잘 알고 있듯이 경상도 사람들이 제대로 구별 못하는 발음으로는 '정권'과 '증권', '쌀'과 '살' 등 따져 보면 매우 많다. 아이러니컬하게도 경상도의 이러한 발성법은 우리나라 다른 지방의 사람들이 사용하는 발음에 비해 매우 경제적이라고 한다. 다시 말해서 경상도 사람들은 말로 의사 전달을 하는 데에 다른 지방 사람들보다 에너지 소비가 훨씬 적게 드는 발성법을 가진다는 의미이다. 물론 경상도 사람들도 필요할 때는 된소리 발음도 잘한다. 예를 들면 상대방의 기선을 제압할 일이 있어 큰 소리로 해야 할 경우나 욕을 할 때는 어느 지방 사람들 못지않게 강력한 용어(?)를 사용한다. 어쩌면 경상도의 이러한 발성법이 생산성이 매우 낮았던 당시의 상황에서는 상당한 국가 경쟁력을 가져다주었을지도 모를 일이라고 감히 생각해 본다.

산을 넘기 전 정상에 도달한 왕건은 초례봉에서 천지신명께 기도를 올린다. "제발 이 어려운 상황에서 저를 구해 주시고 저에게 크나큰 지혜와 용기를 주십시오." 뭐 대충 이러한 기도를 드렸을 것이다. 그래서 왕건이 팔공산 지역에서 하늘에 예를 표한 곳이라 하여 초례봉(醮禮峰)이라는 지명이 생겨나게 되었다(그림 54). 어떤 사람은 말하기를 초례봉 정상부에 놓여 있는 바위가 마치 침대처럼 생긴 것에 착안하여 왕건이 여기서 지역의 호족 딸과 혼례를 치렀기 때문에 '초례봉'이라 했다고도 하는데, 그것은 얼토당토않은 생각이다. 아무리 왕건이 호색가라 하더라도 생사의 갈림

그림 54. 초례봉 정상에 놓여 있는 침대 모양의 바위

길에서 그러한 생각을 가질 수 있었겠는가? 또한 당시는 겨울이라 집도 아니고 한기 가득한 밖, 그것도 영하의 기온을 보이는 추운 산정에서 그런 일이 가능이나 하단 말인가? 아무튼 초례봉에서 천지신명께 기도를 드린 후 왕건은 지체 없이 산을 넘는다.

그는 주변에서 흐르는 물길을 찾았을 것이고, 이윽고 율하천(매여천으로도 불림) 최상류부를 찾게 된다. 그리고는 물길을 따라 이동하여 지금의 안심에 이른다. 이제 산을 넘어 평지에 도달한 왕건은 견훤의 추격으로부터 멀어진 것을 알고 스스로도

그림 55. 왕건이 초례봉을 넘어 다소 한숨을 돌리게 된 안심(롯데쇼핑프라자 부근)

안심하게 되었다. 그래서 붙여진 지명이 바로 안심인 것이다.

그런데 왕건의 퇴로를 추정함에 있어 이 부분에서도 혼란스러운 점이 많다. 예를 들면, 왕건이 시랑이에서 산을 넘는 방법은 다음 세 가지로 추정할 수 있다. 첫 번째 추정은 시랑이에서 새미기재를 넘어 하양으로 바로 하산하는 경우이다. 두 번째 추정은 시랑이에서 새미기재에 오른 후 능선을 따라 율하천을 거쳐 하산하는 경우이다. 세 번째 추정은 시랑이에서 새미기재에 오른 후 초례봉을 거쳐 율하천을 따라 안심으로 하산하는 길이다. 여기에서 첫 번째 추정은 쫓기는 상황에서 너무 먼 거리를 가야 하는 심적 부담 때문에 타당성이 없다. 그러면 두 번째와 세 번째의 추정이 남는데, 두 번째 추정보다는 세 번째 추정이 설득력이 있다. 일반적으로는 두 번째 퇴로가 이동에 유리하여 이 경로를 퇴로로 볼 수 있을 것이다. 그러나 왕건이 사지에서 살아남을 수 있도록 천지신명께 예를 올린 곳이 초례봉이라는 이야기가 있다. 따라서 두 번째 퇴로보다는 동선은 다소 불리하지만 전해 내려오는 이야기를 고려하면 세 번째 퇴로를 이용했을 가능성이 가장 크다.

일단 안심 일대를 종단하면서 흐르는 율하천을 따라 안심으로 내려온 왕건은 조금 더 남쪽으로 내려와 하늘에 떠 있는 반달을 보게 되었고, 그래서 반야월(半夜月)이라는 지명이 생기게 되었다(그림 55). 여기서 우리가 관심 있게 지켜볼 부분은 비로소 왕건이 달을 보게 되었다는 사실인데, 그만큼 여유가 생겼다는 증거이다. 이때에야 왕건은 정신을 차리고 불과 얼마 전에 있었던 엄청난 일들을 생각하며 어두운 밤길을 괴로워하면서 처참한 심정으로 걸었을 것이다. 내 인생은 여기서 끝인가? 아니면, 반드시 복수하러 오리라 다짐하든지.

그러나 왕건의 퇴로에는 또 다른 장애가 있었던 것이다. 견훤 군대의 추격을 완전히 뿌리치기 위해서는 대구분지를 동서로 흐르는 금호강을 건너야만 했다. 그러면 왕건은 어디로 금호강을 건넜을까? 여기에 대한 구체적인 자료는 없다. 그러나 지형적 공간을 다루는 학문 분야인 지리학적 관점에서 판단해 본다면 어느 정도 윤곽을 잡을 수 있을 것 같다.

율하천을 따라 이동해 온 왕건은 율하천이 금호강으로 합류하는 곳에서 금호강을 건넜을 것이다. 왜냐하면 율하천이 금호강으로 합류하는 곳은 지리적으로 습지가 형성되기에 좋은 곳이기 때문이다. 습지는 퇴적물이 많이 쌓인 곳이라 수심도 낮고

그림 56. 율하천이 금호강으로 합류하는 곳으로 팔현습지가 발달한다.

좁은 강폭을 보이는 것이 일반적인 현상이다. 따라서 현재 팔현습지로 불리는 이곳이 강을 건너기에는 가장 적절한 곳이다. 바로 이 지점에서 왕건은 생사의 갈림길에서 비로소 삶의 길로 접어들게 된 것이다(그림 56).

볼 것도 없이 이곳을 건넌 왕건은 비교적 쉬운 길을 이용하여 앞산으로 들어갔을 것으로 추정된다. 즉, 반야월을 지난 이후부터는 왕건과 관련된 지명이 전혀 나타나지 않는다. 아마도 금호강을 건넌 이후부터는 급박한 상황이 사라졌으므로 이전과 달리 정신적으로 상당히 안정되어 퇴로에 얽힌 이야깃거리도 큰 의미를 부여하지 못했을 것이다. 즉, 왕건이 반야월을 통과할 때는 희미한 불빛이나마 달빛이 있었고, 이러한 달빛은 왕건에게 보다 적절한 퇴로를 찾는 데 큰 기여를 하였을 것이다.

04

앞산으로 잠입하여
다시 개성으로

금호강을 건넌 후 앞산에 이를 때까지 왕건의 행적에 대해서는 기록은 물론 전해지는 말조차도 남아 있는 것이 없다. 필자가 추정한 금호강 도강 이후 왕건의 행적은 담티고개를 지나 곧바로 범어네거리 방향으로 향했다는 것이다. 신라 말 고려 초에는 범어네거리가 교통의 요충지로 범어역이 있었던 곳이다. 따라서 왕건으로서는 비교적 쉬운 길인 범어역을 통해 신천으로 향했을 것이다. 왕건은 야전에서 자라 온 장수 출신이라 산으로 향하는 길을 찾기 위해 반드시 하천을 찾았을 것이라는 생각은 상식이다. 이윽고 신천에 도달한 왕건은 신천을 따라 남쪽으로 내려가다 고산골 부근에서 나름의 정보를 얻어 은적사가 있는 큰골로 향하게 된다. 큰골의 은적사 경내 은적굴은 왕건이 이곳에 숨어 동태를 살폈다는 데서 유래한 지명이다. 은적사는 고려 태조 18년(936년)에 이를 기념하여 지금의 자리에 세워진 절이다.

일단 바깥 동태를 살펴보고 안심한 왕건은 식량도 구할 겸 잠자리도 구할 겸 하여 사찰이 있는 곳으로 이동하게 되는데, 앞산에서 첫 번째로 들른 사찰이 안지랑골의 안일암이다(그림 57). 절 이름처럼 왕건이 비로소 안전하게 며칠 지냈던 곳이다. 여기서 쉬는 동안 왕건이 이용했던 약수터는 왕이 마시던 우물이라 해서 '왕정'이라고 불리게 되었고, 그 물을 '장군수'라 하였다고 한다. 현재로서는 왕정과 장군수의 위치를 정확히 알 길이 없으나, 안지랑골의 안일사에 가면 입구에 간이 약수를 마련해 두고 있는데 아마도 이 일대가 왕정 그리고 장군수가 있었을 것으로 추정될 뿐이다.

며칠 뒤, 안일암에서 은거하여 쉬고 있던 왕건에 대한 정보를 얻은 견훤이 군사를 데리고 이곳에 들이닥친다. 이를 안 왕건 역시 안지랑골 정상 가까이에 위치한 풍화동굴인 왕굴로 피신한다. 결국은 왕굴이나 안지랑골 모두 왕건과 견훤 두 사람과 관련하여 그러한 지명을 갖게 된 것이다. 왕굴은 왕건이 몸을 숨긴 굴이라서 붙여진 이름이고, 안지랑골은 견훤의 별명이 '왕지렁이'인데 견훤이 왕건을 잡으러 이곳까지 왔기 때문에 붙여진 지명이라고 한다. 특히 견훤의 조상은 지렁이라는 말도 전해진다. 그런데 나중에 '왕지렁이'가 경상도에서 '안지랑이'로 발음되면서부터 안지랑골로 불리게 되었다고 한다.

그래서 왕건은 이곳도 안전한 곳이 못 된다는 판단 아래 앞산을 넘어 반대편 앞산 남사면에 있는 달비골의 임휴사 근처로 다시 숨어들었다(그림 58). 여기서 며칠 쉬면서 약간의 원기를 회복한 왕건은 주변의 도움을 받아 다시 길을 재촉한다. 강창나루 부근에서 금호강을 건너 이동하던 중 달성군 다사읍 죽곡리 왕쉰[왕선(王先)]고개에서 왕건과 일행은 잠시 숨을 돌린다. 왕쉰고개는 왕건이 잠시 쉬어 간 고개라는 의미에서 붙여진 지명이다(그림 59).

왕쉰고개에서 잠시 쉰 후 왕건은 낙동강을 건너 성주 방향으로 가게 된다. 그런데

그림 57. 큰골의 은적굴과 안지랑골의 안일사

그림 58. 안지랑골의 왕굴과 달비골의 임휴사

그림 59. 달성군 다사읍의 왕선(왕선)고개
(왕건은 이곳에서 잠시 숨을 고른 후, 아파트 전면의 트럭이 진입하는 곳을 통하여 성주로 넘어갔다.)

왕건이 낙동강을 건넌 길은 두 갈래로 추정된다. 하나는 문양동을 거쳐 지금의 성주 대교 부근에서 낙동강을 건넌 경우이다. 다른 하나는 문산동을 거쳐 동안진 나루터 부근에서 낙동강을 건넌 경우이다. 아무튼 무사히 낙동강을 건넌 왕건은 김천, 문경 새재, 충주 등을 거쳐 개성으로 돌아가게 되었던 것이다. 감히 상상하기 힘든, 길고 도 험한 극적인 여정이다. 지금으로부터 1,000여 년 전에 일어난 왕건과 견훤 두 영 웅의 파란만장했던 사건들을 생각하면서, 지금은 부토로 변해 버린 두 영웅, 잠시 그들의 넋을 위로해 주어야겠다.

필자가 추정한 공산전투에서의 전투지와 왕건의 퇴로는 다음과 같다.

칠곡 ⋯▶ 대왕골(기병 5천 군사가 하룻밤 숙영) ⋯▶ 동화사(견훤 측 승병 격퇴) ⋯▶ 능성재 ⋯▶ 은해사 부근(견훤의 넷째 아들 금강왕자에게 대패함) ⋯▶ 태조지(전열 정비 후 퇴각) ⋯▶ 능성재 ⋯▶ 나팔고개 ⋯▶ 동화천 하류(살내, 지원군 공훤 군사와 합류하여 견훤 군사 격퇴) ⋯▶ 무태 ⋯▶ 연경동 ⋯▶ 지묘동 파군재(왕건 군사 전멸) ⋯▶ 왕산(퇴로를 고민함) ⋯▶ 동화사 염불암 일인석(승려로부터 퇴로 관련 정보 입수) ⋯▶ 봉무동 독좌암(홀로 앉아 퇴로를 궁리함) ⋯▶ 불로동 ⋯▶ 평광동 시랑이 ⋯▶ 초례봉(천지신명께 예를 올림) ⋯▶ 율하천 최상류 ⋯▶ 안심 ⋯▶ 반야월 ⋯▶ 금호강 건넘(고모동 팔현습지) ⋯▶ 담티고개 ⋯▶ 범어네거리 ⋯▶ 신천 ⋯▶ 고산골 주변 ⋯▶ 큰골 은적굴 ⋯▶ 안지랑골 안일암 ⋯▶ 왕굴 ⋯▶ 달비골 임휴사 ⋯▶ 금호강 건넘(강창나루 부근) ⋯▶ 왕쉰고개 ⋯▶ 낙동강 건넘(동안진 나루 부근 또는 성주대교 부근) ⋯▶ 김천(능여암 능여대사 도움 받음) ⋯▶ 문경새재 ⋯▶ 충주 ⋯▶ 개성

대구의 명소 근대화 골목과
대구지역의 풍수

01

대구 중구의
근대화 골목

진골목

진골목은 우리 대구 사투리로 '골목이 길다'는 의미이다. 즉, '긴 골목'이다. 진골목은 화교들의 거리로 이름난 종로의 샛길(홍백원, 가창떡집)로부터 시작하여 중앙시네마 뒷길을 따라 국일따로국밥 식당 옆을 지나 옛 경상감영 터인 경상감영공원으로 이어진다.

진골목은 조선시대부터 있었던 길로 근대화 과정에서는 대구의 대표적인 부자촌이었다. 예로부터 대구의 유력 가문인 달성 서씨의 세거지(世居地)였던 달성, 계산, 남산, 동산, 종로에는 달성 서씨 재력가들이 모여 살았다. 특히 진골목에는 대구 최고 자산가인 서병국과 그의 일가를 비롯해 부자들이 많이 살았던 까닭으로 수백 평에 달하는 넓은 저택들이 있었다. 달성 서씨 가문 외의 부자들로는 코오롱의 창업자였던 이원만 회장, 1957년 금복주를 창업한 김홍식 사장, 1971년 평화클러치를 창업한 김상영 회장, 1973년 개업한 로얄호텔 사장, 정치인이자 체육계 유명인이었던 신도환 전 국회의원 등이 있었다. 또한 진골목은 일제강점기에 일어난 여성 국채보상운동의 발상지이기도 하다. 당시 이곳에 살던 7명의 부인들이 대구군민대회가 열린 이틀 뒤인 1907년 2월 23일 패물을 팔아 나라에 헌납하며 여성 국채보상운동을 전개했는데, 이를 기념하는 기념비가 진골목 한가운데 자리하고 있다.

그러나 조선시대의 진골목은 큰길을 이용하여 경상감영으로 출입한 양반들을 피해 주로 일반 서민들이 이용하던 길이었다. 서울의 피맛길(고관대작들이 가마나 말을 타고 행차하는 행렬을 피하는 뒷골목으로 서울 종로구 청진동 302-2번지에서 청진동 119-1번지에 이르는 폭 2.5~3.8m, 길이 312m의 작은 길)과도 같은 것이었다. 신분에 따라 이용하는 골목길이 달랐음을 알 수 있어 왠지 씁쓰레하다. 그러던 진골목이 근대화 과정에 접어들면서 부자촌으로 변한 것이다.

그러나 골목의 기능 변화에 따라 부자들이 떠나가기 시작했고, 진골목의 저택들은 인근의 종로와 더불어 요정과 술집이 넘쳐 나는 환락가로 변하였다. 진골목의 정체성이 사라지게 된 것이다. 1970년대까지 종로에는 요정이 번성해, 30여 개의 요정에서 500여 명의 기생이 일했다고 한다. 1980년대 들어서 진골목은 지금의 모습을 갖추게 되었다. 주변의 직장인과 시내를 찾는 학생들 그리고 어르신들이 주로 찾는 정겹고 소담스러운 음식점들이 가득 차 있다.

진골목에서는 맛깔스럽고 저렴한 대구의 다양한 향토음식을 맛볼 수 있음은 물론이고 1900년대 전기 대구의 대표적인 건물도 만날 수 있어, 잠시 시간을 내어 들러볼 만하다. 나름 역사성을 가지는 건물로는 정소아과의원 건물(서병직의 집), 진골목식당(서병원의 집)이 있다. 특히 1937년에 건축된 유럽풍의 일본 건축물로 보이는 정소아과의원 건물은 대구 최초의 2층 양옥집이다. 원장이었던 정필수 박사가 1947

그림 60. 진골목 입구(위)와 원래 위치(가운데)보다 안쪽으로 이전한 미도다방(아래)

년에 개원했으며 수년 전에 휴업하여 더 이상 진료를 하지 않는다. 이 건축물은 근대 대구를 대표하는 건축물로서 문화역사적 가치가 크다. 또한 종로와 진골목은 대구 출신 소설가 김원일이 1988년에 출간한 『마당깊은 집』의 배경지로도 유명하다. 모 방송국의 드라마로 제작되어 대구의 정겨운 골목을 전국에 알리는 데 크게 기여하였는데, 진골목에 자리 잡고 있는 백록식당이 바로 그곳이다.

한편 1970년대에 개설된 소방도로로 인해 중간 부분이 잘린 진골목에는 어르신들이 즐겨 찾는 미도다방이 있어 진골목의 유명세를 더해 준다. 필자도 이곳을 가끔 들른다. 그때마다 항상 변하지 않는 분위기 탓에 시간이 멈춘 곳 같은 기분이 든다. 다방을 찾는 사람들에게는 누구를 막론하고 옛날식 과자에 커피를 제공한다. 여전히 싼 가격에 부담스럽지 않게 찾을 수 있어 참으로 정감이 간다. 나이 칠순은 넘어야 제대로 된 손님이다. 그렇지 않으면 적지 않은 나이임에도 어린아이가 된 것 같아 참으로 재미있는 장소이다. 누구든지 어려 보이고 싶다면 진골목 미도다방을 찾아라. 적어도 30년은 회춘한 기분을 느낄 수 있다. 그런데 최근에 미도다방은 진골목 약간 안쪽으로 이전하였다. 이유인즉 임대료 때문이란다. 물론 진골목 내 어디에 있든 상관없겠지만 그래도 장소성은 미도다방의 또 다른 정체성이기도 하다. 학생들과 함께 답사를 하면서 찾은 미도다방은 장소가 약간 낯설어 예전 같은 분위기는 아니지만, 우리를 맞이해 주는 주인장 정인숙 여사는 여전히 옛 모습 그대로이다. 세월이 지남에도 늙지 않음은 진골목이 주는 기운 때문일 것이리라(서울신문 기사, 2010년; 오마이뉴스 기사, 2010년 참조).

약전골목(약령시)

약전골목은 일명 '약령시(藥令市)'로 불린다. 조선시대부터 전국적으로 이름난 국내 제일의 약재시장이다. 약령시는 원주, 전주, 공주에도 있었지만 대구에서 먼저 열렸으며, 가장 규모가 크고 거래량이 많은 곳도 이곳이었다. 조선시대 말기에는 약령시가 늘어 청주, 충주, 진주에도 생겼으나, 대부분 합병 또는 폐지되어 일제강점기 때까지 남은 것은 대구 약령시뿐이다.

대구 약령시의 개시(開市) 유래에 대해서는 두 가지 설이 있다. 하나는 조선시대 때 각 지방 관찰사들이 지방에서 나는 약재를 조정에 진상했는데, 대구 약령시는 경상도관찰사가 진상할 약재를 모으기 위해 일 년에 두 번 약시(藥市)를 개설하면서부터 시작되었다는 설로, 1658년(효종 9년)이 원년이 된다. 다른 하나는 약재가 부족한 일본에서 1630년경부터 대마도주를 시켜 조선과 교역하게 했는데, 그들이 많은 약재를 요청하자 그 수요를 채우기 위해 당시 대일 무역의 실무를 맡았던 경상도관찰사가 그 주재소인 대구에 약령시를 개설하였다는 설이다. 이 설에 따르면 약령시 개설 원년은 1640~1650년대로 추정된다. 그러나 일반적으로는 1640년~1658년 사이로 본다. 대구 약령시의 원 장소는 경상감영공원 북쪽에 위치한 대안동 일대였다.

원래 대구 약령시는 춘시(春市)와 추시(秋市)로 구분된다. 춘시는 2월 3일~13일 동안 열흘 간 열렸고, 추시는 10월 3일~13일 동안 열흘 간 열렸다. 시장이 열리기 위해서는 약령 상인들 중에서 대표자가 대구부사에게 약령시를 열겠다고 요청해야 한다. 그러면 부사는 경상도관찰사에게 이를 보고하고, 관찰사가 다시 이를 조정에 보고하면 조정에서는 각 도에 약령시 열리는 것과 관련하여 공지를 한다. 시장이 열

그림 61. 약령장터(약령시 축제)가 열리고 있는 약전골목(위)과 약령시한의약박물관(아래)

리는 것이 확정되면, 치안을 담당하는 진영에서는 시장이 열리는 기간 동안 임시 시장경찰을 조직하여 치안을 담당하였다. 또한 상행위와 관련하여 다툼이 일어날 것을 대비해 시장재판소를 구성하여 운영하였다. 춘시와 추시는 각각 다른 곳에서 열렸다. 지금의 대안동인 객사(달성관)를 중심으로 춘시는 남쪽에서 열려 남시(南市)로 불렸고, 추시는 북쪽에서 열려 북시(北市)로 불렸다. 객사를 중심으로 남쪽과 북쪽에서 각각 열렸던 약령시는 객사와 읍성이 철거된 후 남시는 1922년부터 폐지되었고, 북시만 존속하여 연말에 약 한 달간 열리다가 지금의 약전골목인 남성로로 옮겨와 그 명맥을 유지하고 있다. 2000년대 들어서 대구시는 약령시를 관광자원화하려는 생각으로 다양한 시도를 하고 있는 상태이다. 그러나 현대백화점이 들어서고 나면서부터 주변 땅값이 많이 올라 약령시를 지속하기에는 역부족인 상황이다. 특단의 대책이 없는 한 전통 깊은 대구 약령시는 머지않아 쇠락의 길을 걸을 것 같아 마음이 무겁다(대구시, 1977년 참조).

종로(화교거리)

지금의 약전골목에 위치했던 옛 영남제일관 터(현재의 정관장)로부터 시작하여 중부경찰서 앞 네거리에 이르는 길을 종로라 부른다. 아마도 종을 매달아 놓았던 종루가 이 길에 있었던 모양이다. 종로는 일명 화교거리로도 불린다. 경부철도선의 편리한 교통과 인근 약전골목과 서문시장의 풍부한 경제력은 1905년 중국 산동 반도 출신의 중국인이 대구로 오도록 하는 데 결정적인 요인으로 작용했던 것 같다. 이들은 주로 건축가 또는 상인 출신으로 당시 종로 분위기에 쉽게 적응할 수 있어 일대를 대구의 화교 중심지로 이루어 나가는 것이 가능하였으리라 본다. 화교 건축가가 지

그림 62. 대구 화교들의 중심지인 종로

은 대표적인 건물들이 종로에는 비교적 잘 남아 있다. 예를 들면, 1929년 대구 부자 서병국이 중국인 건축가 모문금에게 부탁하여 짓게 한 주택(지금 대구화교협회 사무실로 사용)은 서양식 건축물로 꽤나 유명세를 탔던 건물이다. 이 밖에도 청요리 전문점이었던 군방각(옛 종로호텔이자 현 센츄럴관광호텔)을 비롯해 대구 자선냄비의 기원지인 구세군제일교회, 화교소학교, 복해반점, 영생덕 등이 유명하다.

한편 1960~1970년대까지만 해도 종로는 대구를 대표하는 요정과 기생의 거리였다. 이웃하는 진골목과 더불어 주변의 풍부한 경제력에 힘입어 종로의 요정사업은

매우 활발했다. 특히 기생들을 교육시켰던 사설학원 달성권번이 종로에 있었다. 전
성기의 종로가 도시의 번화가였다면, 지금의 종로는 한적한 골목길에 다름 아니다.
향토 출신 소설가 김원일의 『마당깊은 집』의 배경지로도 유명한 종로는 한때 자개
농 가구골목으로도 이름 있었다. 지금은 다양한 먹거리 가게를 비롯해 전통차, 다
기, 골동품, 천연염색 등 여러 가지 품종이 혼합된 골목으로 변해 가고 있다.

시대를 달리하며 골목도 진화 중이다. 화교들의 중심지에서, 돈 많은 이들의 놀이터
였던 요정에서 가구골목으로 변신에 변신을 거듭해 오던 종로에 최근 화교들의 노
력 또한 의미 있게 다가온다. 2007년부터 시작된 대구화교협회 주관의 '대구화교
중화문화축제'가 올해로 8년째를 맞이하고 있다. 인천·부산의 차이나타운에 버금
갔던 대구 화교들, 이제 그들에게서 옛 영화를 다시 찾아보자는 야심찬 갈망이 샘물
처럼 솟아나고 있음을 느낄 수 있었다.

성밖골목(영남대로)

길(道, 路)이 인간은 물론 동물에게도 중요한 역할을 해 왔다는 것은 주지의 사실이
다. 동물과 마찬가지로 선사시대 인류도 의식주 해결을 위해서는 길을 찾아야 했
고, 필요에 따라서는 새로운 길을 개척해 나가야 했다. 이처럼 길은 인류의 역사와
더불어 꾸준히 진화해 왔다.

조선시대에 들어오면서 이전 고려시대 개성 중심의 도로 구조가 서울(한양) 중심의
9개 간선도로 체제로 재편되었다. 제1로인 의주대로(관서대로)는 서울-평북 의주,
제2로인 경흥대로(북관대로)는 서울-함남-원산-함북 경흥 또는 서수라, 제3로인
관동대로(평해대로)는 서울-경북 평해, 제4로인 영남대로(영남중로, 동래대로)는 서

울-동래 또는 부산포, 제5로인 통영로는 서울-경북 김천-경남 통영, 제6로인 통영별로(춘향길)는 서울-전북 남원-경남 통영, 제7로인 호남대로(삼남대로)는 서울-전남 해남 이진항-제주, 제8로인 충청수영로는 서울-평택-충남 오천(충청 수영), 제9로인 강화대로는 서울-강화 간 도로이다. 그런데 9개 간선도로 중 4개가 영남지역을 통과하고 있어 영남의 교통량이 상당했음을 보여 준다.

특히 오늘날의 경부고속국도 또는 경부고속철도와 같은 존재였던 영남대로는 서울에서 시작하여 용인, 충주, 문경새재, 유곡, 상주, 선산, 칠곡, 대구, 밀양, 양산을 통과하여 부산으로 이어지는 약 960리에 달하는 조선시대 최고의 간선도로였다. 이 길은 각종 물산의 이동은 물론, 영남의 선비들이 청운의 푸른 꿈을 꾸며 한양으로 과거 보러 가던 길이었으며, 조선통신사가 일본으로 가기 위해 반드시 통과해야 했던 길이었고, 민족의 한이 서린 임진·정유 양란 때에는 왜군의 침공로로 이용되었던 사연 많은 길이었다.

영남에서 서울로 이어지는 길은 영남대로 외에도 영천·안동·죽령을 통하는 길인 영남좌로와 김천·추풍령을 통하는 영남우로가 있었다. 부산에서 서울까지 소요 기간이 영남대로가 14일인 반면 영남좌로는 15일, 영남우로는 16일이 소요되었다. 과거시험 보러 가던 영남의 선비들은 죽령이나 추풍령을 넘는 영남좌로와 영남우로는 가지 않았다. 말 그대로 죽령을 넘으면 시험에서 죽 미끄러진다는 속설과 추풍령을 넘으면 시험에서 추풍낙엽이 된다는 속설 때문에 죽령길과 추풍령길은 꺼려 했다. 때문에 영남우로 가까이에 살았던 선비들은 추풍령 대신 충청북도 황간으로 통하던 괘방령을 넘어갔다. 괘방령은 과거시험에서 장원급제하여 방을 걸게 된다는 속설 때문이었다고 하니, 길에 얽힌 이야깃거리 역시 다양한 길만큼이나 많았던 모

그림 63. 영남대로였던 염매시장 내 떡전골목(위)과 현대백화점 뒷길(아래)

양이다.

대구가 영남대로의 중심으로 부각된 계기는 임진·정유 양란을 겪으면서 군사적인 요충지로서 대두되고, 또한 경상도의 중심 관청인 경상감영이 상주, 안동 등지에 위치하다 1601년 대구로 옮겨 오면서부터였다. 약 960리에 달하는 영남대로는 그 폭이 2~15m 정도로 다양했다. 즉, 대로에 해당하는 노폭 10~15m는 서울-용인 간에 나타나며, 7~10m인 중로는 용인-상주 간에 나타나고, 2~7m인 소로는 상주-대구 간에 주로 나타난다. 대구의 경우 영남대로는 칠곡 동명원현에서 칠곡 우암창을 지나 금호강 팔달교 부근을 건너는 길이다. 다음으로 원대동을 지나 달성공원 앞길, 대구읍성 서문(서울 내길), 약전골목 남편에 위치하는 성밖골목(떡전골목)을 통해 반월당네거리, 대구초등학교 서편 길, 대봉동, 봉덕동(캠프헨리), 신천좌안을 지나 신천 상동교 부근에서 신천을 건넌다. 그리고 계속 남쪽으로 이동하여 가창 오동원을 지나 팔조령을 넘어 청도로 이어진다. 대구지역의 영남대로는 1960년대 이후 급속한 산업화·도시화의 과정을 거치면서 많은 부분이 훼손되기도 했으나, 다행스럽게도 6·25 전쟁의 폐해를 직접 경험하지 않은 덕분에 그나마 옛 모습을 간직하고 있다. 특히 현대백화점 뒤편의 영남대로를 대구시 중구청과 현대백화점이 협의하여 복원시킨 점은 문화도시를 표방하는 대구의 정체성에 걸맞은 조치라 생각된다.

이제 다시 대구시가 관심을 가지고 힘써야 할 곳이 또 하나 있다. 15세기 대구 달성 출신인 서거정 선생이 대구의 아름다운 풍광 열 곳을 칠언절구 한시로 읊은 '대구십영(大丘十詠)' 중 제8영 '노원송객(櫓院送客)'에 해당하는 당시의 풍광들을 복원하는 일이다. 예를 들어 관도(영남대로) 일대의 가로수인 버드나무와 주막(단정, 장정)이

어우러진 모습이며 금호강의 흰 백사장 등은 당시의 경관을 생생히 보여 주고 있어, 이러한 모습을 금호강 종합개발계획에 담을 수 있다면 대구의 정체성을 살림은 물론 외국의 어느 사례를 벤치마킹하는 것보다 훨씬 본질적인 문화생태환경 복원사업이 될 것이다.

뽕나무골목

두사충은 명나라 두릉 사람인데, 당나라 시성 두보의 21대손으로 1592년 일본의 침략으로 일어난 임진왜란 당시 명나라 장수 이여송을 따라 함께 온 풍수지리 참모였다. 전쟁이 끝나자 두사충은 조선의 풍속과 산천에 반해 귀화하여 지금의 경상감영공원 자리에 거주하게 되었다. 풍수지리 전문가답게 그는 경상감영공원 터의 기운을 미리 알아차리고 거주지로 낙점했던 것이다. 그런데 1601년 경상감영이 대구로 옮겨 오면서 두사충의 거주지는 경상감영 자리로 선정되었고, 두사충은 살던 자리를 비워 주고 지금의 계산성당 일대인 계산동으로 거주지를 옮겼다.

거주지를 옮긴 두사충은 무엇을 하면서 살아갈까 고민하게 되었다. 그래서 그는 조선의 열악한 의복문제를 개량하고 생활의 안정도 꾀할 요량으로 인근에 뽕나무를 많이 심게 하고 식솔들에게 길쌈을 장려하여 계산동 일대를 두릉 두씨의 세거지로 삼았다. 그러던 어느 날, 두사충은 뽕나무 밭에서 뽕잎을 수확하다 옆집에서 절구를 찧고 있는 여인을 보고 한눈에 반해 버렸다. 그 일이 있은 후부터 두사충은 뽕나무 밭에 가서 뽕잎을 수확하는 일이 일상이 되어 버렸다. 나이 들어 상사병에 빠진 두사충을 본 아들은 참다 못해 옆집 여인을 찾아가 상사병에 걸려 시름시름 앓고 있는 아버지 두사충의 얘기를 털어놓았다. 그런데 그 여인 역시 젊은 나이에 남편을 여의

그림 64. 두사충과 뽕나무에 얽힌 이야기가 전해 오는 뽕나무골목

고 홀로 살아가는 청상과부로 평소에 두사충을 흠모하던 중이었다. 서로의 처지를 알게 된 두 사람은 누가 먼저라 할 사이도 없이 급속도로 가까워졌고, 마침내 한 가정을 이루게 되었다. 이렇게 하여 계산동 일대는 뽕나무 밭으로 변하게 되었고, 후세 대구 사람들은 계산동 일대의 골목길을 '뽕나무골목'으로 부르게 되었다. 그러나 지금 계산동 일대는 상전벽해란 말 그대로 대구 도심의 최대 번화가로 변해, 옛날 두사충과 뽕나무에 얽힌 이야기는 한때의 흥미로운 이야깃거리로 전할 뿐이다(뽕나무골목 해설판 참조).

읍성(성벽)골목

대구읍성 축성은 영조 12년(1736년) 경상감사 겸 대구부사인 민응수가 조정에 청원을 하여 이루어진 것으로 대구의 잡색군, 대구·칠곡의 연호군 등 78,584명의 인원을 동원해 불과 5개월 만에 완공하였다. 대구읍성에는 4곳에 큰 문을 만들고, 2곳에 암문(누각 없이 만든 문으로 성의 안과 밖을 비밀리에 이어 주는 문)도 만들었다. 성곽의 평면구조는 하부가 두터운 반월형으로, 둘레는 2,125보(약 2.7km), 높이는 24척(5m 내외), 두께는 약 8m 내외에 달했다. 또한 성곽의 방어를 위해 성 위에 만든 낮은 담인 여첩(女堞)이 955개나 있었다. 동서남북 4곳에 설치된 4대문은 각각 진동문, 달서문, 영남제일관, 공북문 등으로 명명되었다. 진동문은 동성로 동아백화점 옆 SC제일은행 앞이고, 달서문은 중구 서성로에 위치했던 구 조흥은행 서성로지점 앞이며, 영남제일관은 구 대남한의원 자리인 현재의 정관장 자리(약전골목과 종로가 만나는 곳), 공북문은 종로에서 북으로 이어져 북성로와 만나는 곳으로 구 조일탕 앞이된다.

한편 동서에 설치한 2개의 암문 중 동소문은 중앙파출소 근처 동성로 프라이비트 남쪽에 해당하며, 서소문은 서성로 서성로교회 서쪽으로 근처에 서문시장의 옛터가 이곳에 있었다. 이 밖에도 성곽 모서리에 망루를 설치해 두었는데, 동장대(정해루), 서장대(주승루), 남장대(선은루), 북장대(망경루)가 그것이다.

이처럼 1736년에 축성된 이후 여러 차례에 걸쳐 중수되어 오던 대구읍성은 박중양 경상북도관찰사 서리 겸 대구군수에 의해 해체되기 시작했다. 즉, 친일파 박중양은 일본 거류민회의 청을 들어줄 목적으로 조정의 허락도 받지 않은 채 1906년 성곽을 허물기 시작하여 1907년에 완전히 해체하기에 이르렀다. 성곽이 허물어지면서 성

그림 65. 번화가로 변모한 동성로

밖에 거주하던 일본인들은 엄청난 경제적 이득을 거두게 되었다. 당시 해체된 성곽의 성돌은 일반인에게 헐값으로 팔려 가기도 했다. 성돌 중 일부는 현재 동산병원 내 선교사 주택, 옛 계성중고등학교, 계성초등학교, 신명고등학교, 일반 가옥의 담장 돌로 사용된 채 남아 있다. 박중양에 의해 허물어진 성곽의 성벽이 있던 자리에는 오늘날 우리가 알고 있는 동성로, 서성로, 남성로, 북성로 등의 길이 생겨나게 된 것이다.

02

대구의
풍수지리

대구의 진산
연귀산(連龜山)

1530년에 발간된 『신증동국여지승람』 「대구도호부」 '산천조' 기록에는 다음과 같은 내용이 있다. "연귀산은 부의 남쪽 3리에 있는데 대구의 진산이다. 세상에서 전하기를 '읍을 창설할 때 돌거북을 만들어 산등성이에 머리는 남향으로, 꼬리는 북향으로 하여 묻어 지맥을 통하게 한 까닭에 연귀'라고 일컫는다고 한다." 대구의 진산이 연귀산임을 잘 알게 해 주는 문장이다.

연귀산은 현재 대구 제일중학교가 자리하고 있는 곳이다(그림 38). 일제강점기 당시에는 연귀산에서 정오를 알리는 포를 쏘았다고 해서 '오포산'으로 부른 적도 있었다. 제일중학교를 방문하게 되면 학교 건물 앞쪽에 머리를 앞산 쪽으로, 꼬리는 팔공산 쪽으로 향해 있는 돌거북을 실제로 볼 수 있다. 보랏빛을 나타내는 모래질 암석(사암)에 거북 모양을 새겨 두고 있는데, 전체적인 돌의 모습은 타원형으로 여러

살고 싶은 그곳, 흥미로운 대구 여행

곳에 성혈도 보인다. 과거 대구지역 선사인들의 무덤인 고인돌의 덮개석이라고도 전해 온다. 아무튼 이 돌거북이 대구를 상징하는 보물임에는 틀림없다.

오늘날 과학적인 지식이라 일컬어지는 각종 정보들을 선조들은 이미 알고 있었던 것 같다. 팔공산과 비슬산(앞산) 사이에 위치해 있는 대구분지는 풍수적인 관점에서 보면 지맥이 단절된 모습이다. 그래서 단절된 지맥을 잇기 위해 매우 작은 언덕에 불과한 연귀산에 돌거북을 묻어 지맥을 연결한 것이다. 더욱 신통한 일은 앞산이 약 7,000만 년 전 화산 폭발로 형성된 화산임을 어떻게 알았는지 불기운이 강한 앞산의 화기를 다스리기 위해 물의 신에 해당하는 거북을 만든 것이다. 이렇게 보면 대구를 대표하는 동물은 거북이 아닐까 싶다.

한국인이 유럽 여행 중 프랑스를 들를 때면 평평한 도시 파리에 있는 해발고도 129m 높이의 '몽마르트르 언덕'을 어김없이 찾는다. 몽마르트르 언덕은 군신의 언덕 또는 순교자의 언덕이라 불리며, 유명한 예술인들의 흔적을 어렵지 않게 만날 수 있는 명소이다. 그런데 우리 대구지역에는 몽마르트르 언덕보다 더 가치 있고 대구의 정체성과도 다름없는 연귀산이 있다. 그러나 지역민들은 별 관심이 없어 보인다. 이제라도 늦지 않았다. 대구의 모든 출발지는 연귀산이 되었으면 한다. 그리고 연귀산을 대구의 성지로 조성할 필요가 있다. 달구벌 최초의 성을 달성으로 본다면, 달성 이전의 조상 격에 해당하는 연귀산을 더 이상 방치해서는 곤란하다.

대구에는 구석기·신석기·청동기 시대 유물을 비롯해 수많은 유적과 유물이 존재한다. 이처럼 대구지역 인류 역사는 시대를 넘어 파노라마처럼 이을 수 있는 전통 있는 도시이다. 대구의 근대화 골목이 유명한 관광지인 것도 중요하다. 그러나 대구의 최고 조상인 연귀산을 중심으로 대구의 선사인들의 이야기, 역사시대의 이야기,

특히나 대구 근대화 골목의 이야기를 풀어 나간다면 대구가 보다 대구다운 매력 넘치는 도시가 될 것이다.

신천의 수구를 막아
대구를 부유하게 해 주는 침산(砧山)

풍수에서 말하는 '수구(水口)막이' 역할을 하는 산이라 해서 침산을 예전에는 '수구막이산'이라 불렀다. 풍수에서 물은 재물로 본다. 그 지역의 중심에서 보아 물이 흘러들어 오는 것을 보면 재물이 모여 길한 것이 된다. 반대로 물이 빠져 나가는 것을 보면 재물이 흩어져 흉한 것이 된다. 대구의 중심에 해당하는 경상감영 자리였던 경상감영공원에서 보면 신천의 물이 도시 안으로 흘러들어 오는 것을 잘 볼 수 있다. 그러나 북쪽으로 흘러 금호강으로 합류하는 신천은 침산에 가려 잘 보이지 않는다. 그야말로 최고의 명당에 침산이 위치하고 있는 것이다.

침산은 유명세 탓에 다양한 이름을 가진다. 봉우리가 5개라 하여 '오봉산'으로도 불린다. 또한 하늘에서 내려다보면 산의 모양이 다듬잇돌을 닮았다 해서 다듬잇돌 모양의 산, 즉 침산(砧山)으로 불렸다고 전해 온다. 한편으로 침산에 다듬잇돌에 쓰이는 돌이 많아 침산이라고 했다는 이야기도 있으나 근거 없는 유래에 불과하다. 또 다른 이름으로는 배 부른 소가 누워 있는 모습을 보인다 하여 '와우(臥牛)산'이라고도 한다. 소가 누워 있다는 것은 소가 편안하다는 의미로 일대가 토지 생산성이 높아 물산이 풍부하다는 것과 같다. 실제로 침산 주변은 금호강, 신천, 동화천이 합류하는 범람지대로 토지가 비옥하여 신석기시대 이래 많은 사람들이 살아온 곳이다.

살고 싶은 그곳, 흥미로운 대구 여행

그림 66. 신천이 금호강으로 합류하는 곳에 위치한 침산(오른쪽)

침산은 '박작대기산'으로도 불린다. 침산동에 오래전부터 살고 있는 어른들을 만나
보면 한결같이 박작대기산이라고 하신다. 박작대기산의 유래는 다음과 같다. 한일
병합 전인 1906년 대구군수 겸 경북관찰사 서리로 부임해 온 박중양이라는 사람이
있었다. 박중양은 극단적인 친일주의자로, 대구에 부임해 있는 동안 대구읍성 바깥
에 거주하는 일본인들의 경제적 이득을 위해 대구읍성을 허문 장본인이기도 하다.
당시 침산 일대는 소유주가 박중양이었던 모양이다. 그래서 박중양은 침산을 자주
올랐고, 침산을 오를 때면 항상 작대기를 짚고 올랐다 한다. 그래서 박중양이 작대

기 짚고 자주 오르던 산이라는 사실에서 박작대기산으로 불렀다고 한다.

그런데 정작 침산의 중요성은 조선시대 당시 여귀를 물리치는 기능을 담당했던 여제단이 있었다는 데 있다. 한 지역에서 지역의 번영과 안위를 염원하며 토지와 곡식의 신에게 제를 올리던 사직단과 더불어 여제단은 중요한 제단이었다. 조선시대 대구는 그 범위가 작아 사직단은 평리동의 평산(平山)에 있었던 반면, 여귀를 물리치는 여제단은 침산에 있었다. 이처럼 침산은 대구지역에서는 없어서는 안 될 중요한 산이다.

조선 초기 대구를 대표하는 사가 서거정 선생이 대구의 아름다운 풍광 열 곳을 읊은 한시 연작 '대구십영'에서 제10영이 '침산만조(砧山晩照)'이다. 침산에서 바라보는 저녁노을이란 뜻이다. 지금도 맑은 날 해질 녘에 침산에 오르면 서쪽으로 넘어가는 일몰을 볼 수 있다. 서거정 선생이 15세기 때 읊었던 시의 구절처럼 여전히 아름다움을 느낄 수 있다.

대구를 지켜 주는
용두산(龍頭山)

대구에 제법 오래 살았던 사람들조차도 용두산을 물으면 잘 모르는 경우가 많다. 용두산은 앞산의 여러 골짜기 중 하나인 고산골이 속해 있는 능선이다. 신천에서 남쪽 방향으로 앞산을 바라다보면 상동교를 지나 가창 방면으로 이어지는 신천대로 오른쪽 능선 부분이 용두산 능선에 해당한다. 능선의 모습은 마치 공룡의 등뼈처럼 몇 곳이 울퉁불퉁 튀어나오고 들어가 있다. 그렇다고 험하지는 않다. 둥그스름한 부드러운 능선이다. 순한 용이라고 표현하는 것이 적합할 듯하다.

그림 67. 용의 모습을 띠는 용두산(마치 용이 신천의 물을 먹는 듯한 모습이다.)

용두산에는 오래전에 축성된 용두토성도 존재한다. 달성토성이 축성되던 시기쯤인 삼한시대 후기 또는 삼국시대 초기로 보는 견해가 있다. 용두토성은 대구에서 남쪽으로 가는 길목을 지키는 요충지에 있어 전략적으로도 중요하다. 용두토성이 위치하고 있는 곳은 용두산 중에서도 용의 머리에 해당하는 부분이다. 고산골로 진입하여 고산골관리사무소 뒤편 능선을 따라 약 10분 정도 올라 신천과 대구시가지를 내려다보면 영락없이 용머리이다. 마치 용이 신천의 물을 먹으려는 모습과도 같다. 참으로 용두산이라는 말이 잘 어울리는 광경이다.

그런데 지난 개발의 시절 용두산은 크나큰 아픔을 겪어야만 했다. 앞산순환도로가 나면서 용의 발이 잘려 나갔고, 신천대로를 건설하면서 용의 뿔 하나를 없애 버린 것이다. 그래서 어떤 사람은 말하기를 용의 발과 뿔 하나를 잘라 버렸으니 대구는 앞으로 발전하기가 쉽지 않다고 한다. 그래서 그런지는 몰라도 대구의 위상이 예전 같지 않음을 우리는 잘 알고 있다. 아마도 기쁨과 슬픔을 우리와 함께해 온 어머니 가슴과도 같은 앞산이 개발로 곳곳에 큰 상처를 남기면서 이를 보는 우리들에게 심적으로 깊은 상처를 주지는 않았는지 모를 일이다.

신천대로를 통해 가창 방면으로 가 본 사람이면 대부분 느낄 수 있다. 신천대로의 남쪽 방향 입체도로화로 하나 남은 뿔마저도 잘려 나갈 뻔했던 일, 신천 변 앞산 일대가 여전히 난개발로 인해 몸살을 앓고 있는 일, 앞산터널 근방에 위치한 대구 선사유적지가 하마터면 훼손될 뻔했던 일, 앞산터널공사로 용두골 전체가 크게 훼손된 일 등 참으로 안타깝고 위험했던 일이 많았다. 그나마 용의 뿔이 더 이상 잘려 나가지 않았고, 신천 변 선사유적지들이 예전 같지는 않지만 나름 보존되고 있는 것에서 작은 위안을 삼을 뿐이다.

역산(逆山)의
와룡산(臥龍山)

대구 서편 금호강 변에 자리 잡은 와룡산은 말 그대로 누워 있는 용의 모습을 보인다. 와룡산(300m)이 말발굽의 형태를 보이는 것은 가운데 움푹 패어 들어간 부분이 침식에 약한 화강암으로 구성되어 있고, 능선은 단단한 변성암으로 이루어져 있기 때문이다. 풍수적인 측면에서 보면 승천을 하지 못한 용은 미완의 결정체이다. 뭔가

그림 68. 금호강 변에서 바라본 와룡산(왼쪽이 용의 꼬리, 오른쪽이 머리 부분에 해당한다.)

조금 부족하다. 특히 꼬리는 동쪽으로, 머리는 서쪽에 두고 대구의 중심인 경상감영을 등지고 있어 더욱 그러한 느낌이 든다.

올해로 23년이 되는 와룡산 개구리 소년들의 죽음과 관련한 희대의 미제 살인사건도 와룡산에서 일어났다. 사건이 있었던 날은 1991년 3월 26일이었다. 그날은 5·16군사쿠데타 이후 중단되었던 지방자치제가 30년 만에 부활해 기초의원을 뽑는 선거가 있던 날이었다. 임시공휴일로 지정되어 초등학교를 다니던 5명의 아이들이 와룡산으로 도롱뇽 알을 주우러 갔다가 행방불명되었고, 2002년 6월 유골로 발견된 사건이다. 그때 어떤 사람들은 와룡산이 대구를 배반하는 역산(逆山)이라 그렇다는 둥, 와룡산에 쓰레기 매립장을 조성하여 그렇다는 둥 흉흉한 말이 돌기도 했다. 방천동 쓰레기 매립장이 있는 와룡산은 1982년 매립지 부지 조성이 추진되어 1990년 5월부터 매립이 시작되었다. 1991년 2월 11일에는 위생매립장 관리사무소가 개소되었고, 2007년 대구광역시 환경자원사업소로 명칭이 변경되어 오늘에 이르고 있다.

어떻게 보면 와룡산이야말로 대구 지역민에게는 없어서는 안 될 소중한 산이다. 와룡산은 대구에서 배출된 쓰레기를 처리해 주는 정말로 소중하고도 고마운 산이다. 더 이상 대구를 거스르는 역산이라고 말해서는 안 될 것이다. 『대구읍지』의 '산천조'에 "와룡산은 부의 서쪽 약 10리쯤에 위치한다. 산 아래에 옥연(玉淵)이라는 연못이 있고, 용이 그 못에서 나왔기 때문에 사람들이 와룡산으로 불렀다."라고 기록되어 있다.

또한 흥미로운 이야기도 전해 온다. 와룡산 기슭의 옥연이라는 못에 살고 있던 용이 어느 날 승천을 준비 중이었는데, 그 앞을 지나던 아녀자들이 "산이 움직인다." 하며 놀라 소리를 지르는 바람에 승천하지 못하고 그 자리에 누워 머무르게 되었다고 한다.

참고문헌

· 거리문화시민연대, 2007, 대구 신택리지, 도서출판 북랜드.

· 경상북도, 1986, 팔공산지구 전통문화유적지 보존·개발계획, 경상북도.

· 경상일보 기사, 2007. 03. 21., 〈테마기행〉 죽음 문턱서 기사회생한 생태계 보고.

· 국립대구박물관, 2001, 대구 오천년, 통천문화사.

· 국립대구박물관, 2002, 대구 파동 암음유적 발굴조사보고서, 느티나무.

· 국립대구박물관, 2009, 팔공산 동화사, 그라픽네트.

· 국토해양부 국토지리정보원, 2011, 한국지명유래집-경상편, 푸른길.

· 국토해양부 국토지리정보원, 2005, 한국지리지-경상편-, 국토지리정보원.

· 김성우, 조선시대 대구읍세의 팽창과정, 대구사학, 75, 65-98.

· 김종욱, 2010, 잊혀지고 묻혀버린 대구 이야기, 북랜드.

· 단재 신채호 저·박기봉 옮김, 2011, 조선상고문화사, 비봉출판사.

· 달성서씨학유공파보소(達城徐氏學諭公派譜所), 1983, 달성서씨학유공파보 상권, 회상사.

· 대구·경북역사연구회, 2001, 역사 속의 대구사람들, 도서출판 중심.

· 대구광역시, 2013, 대구 경관자원 52선, D&C MANSOO.

· 대구광역시·대구향토문화연구소, 2001, 대구광역시 문화재 안내판 문안집, 신흥인쇄소.

· 대구광역시·택민국학연구원, 2009, 대구지명유래총람-자연부락을 중심으로-, 한영종합인쇄소.

· 대구광역시 중구청, 1998, 경상감영 사백년사, 신흥인쇄소.

· 대구문화예술회관 향토역사관, 2008, 옛 사진으로 본 근대대구, 블루에드컴.

· 대구문화예술회관 향토역사관, 2009, 대구의 역사와 유산, 블루에드컴.

· 대구시, 1977, 달구벌, 경북인쇄소.

· 대구시사편찬위원회, 1995, 대구시사, 제1권, 대구경북인쇄공업협동조합.

· 대구은행 홍보부, 2008, 향토와 문화 47-대구읍성, 고문당인쇄.

· 대구중구문화원, 2000, 건들바위, 2, 동화인쇄사.

· 대구중구문화원, 2001, 건들바위, 3, 동화인쇄사.

· 대구직할시, 1994, 팔공산 자연공원 생태계 조사보고서, 도서출판 일봉.

· 대구직할시·경북대학교, 1987, 팔공산-팔공산사적지표조사보고서-, 삼정인쇄소.

· 대구직할시·경북대학교, 1991, 팔공산 속집, 명인문화사.

· 대구직할시·경북대학교박물관, 1990, 대구의 문화유적-선사·고대, 매일원색정판사.

· 대구직할시교육위원회, 1988, 우리고장 대구 : 지명유래.

· 매일신문 기사, 2014, 〈밑줄 쫙~ 대구역사유물〉 (1) 대구에도 구석기인이? 월성동 유적
  ~(26) 대구는 후삼국 격전지.

· 매일신문 기사, 2012, 〈낙동강 물레길〉 ⑤ 금호강~낙동강 뱃놀이- 금호선사선유.

· 매일신문 기사, 2012, 〈낙동강 물레길〉 ⑥ 정구 선생의 봉산욕행.

· 매일신문사 특별취재팀, 2006, 팔공산하, 매일신문사.

· 서울신문 기사, 2010. 02. 22., 도시와 길(3), 대구 진골목.

· 오마이뉴스 기사, 2010. 11. 19., 대구의 옛 골목길 1.

· 이대현 글·정운철 사진, 2014, 대구사랑 대구자랑, 매일신문사.

· 이동민, 2004, 우리고을 지킴이 팔공산, 북랜드.

· 이상원·이춘희·정중효, 1996, "팔공산화강암과 주변 접촉변성암에 관한 암석학적 연구",
  사대 논문집, 33, 부산대학교, 277-309.

· 이영호, 2004, "대구지역의 고대 불교 : 팔공산을 중심으로", 상주문화연구, 13, 45-82.

· 이찬, 1991, 한국의 고지도, 범우사.

· 이철우 외 6인, 2014, 삶터 대구의 이해, 경북대학교 출판부.

살고 싶은 그곳, 흥미로운 대구 여행

· 전영권, 2002, "택리지의 현대 지형학적 해석과 실용화 방안", 한국지역지리학회지, 8(2), 256-269.

· 전영권, 2003, 이야기와 함께하는 전영권의 대구지리, 도서출판 신일.

· 전영권, 2004, "신천 유로에 대한 새로운 해석", 한국지역지리학회지, 10(4), 689-697.

· 전영권, 2006a, "대구 앞산의 환경보존과 지속가능한 이용", 한국지역지리학회지, 12(6), 645-655.

· 전영권, 2006b, "고문헌의 지명에 나타난 한국인의 전통 지형관—대구 지역을 사례로—", 한국지형학회지, 13(4), 9-17.

· 전영권, 2008, "대구 문화생태환경 복원과 활용방안", 한국지역지리학회지, 14(3), 189-198.

· 전영권, 2010, "서거정의 '대구십영'에 관한 지리학적 연구", 한국지역지리학회지, 16(5), 497-516.

· 전영권, 2011, "'신 대구십경' 선정에 관한 연구", 한국지형학회지, 18(3), 93-106.

· 전영권, 2012a, "대구 팔공산의 가치와 활용방안", 한국지형학회지, 19(2), 51-68.

· 전영권, 2012b, "팔공산의 지리적 환경과 연경서원", 퇴계학논집, 11, 217-242.

· 전영권, 2012c, "교가(校歌)에 나타난 대구의 지형관—대구 초·중등학교를 사례로—", 한국지형학회지, 19(4), 83-96.

· 전영권, 2013, "대구 지명 유래에 관한 연구—'동(洞)명'을 사례로—", 한국지역지리학회지, 19(3), 375-383.

· 전영권·손명원, 2004, "대구 비슬산지 내 지형자원의 활용방안에 관한 연구", 한국지역지리학회지, 10(1), 53-66.

· 정만진, 2012, 역사유적과 문화유산 답사로 보는 대구와 풍경, 역사진흥원.

· 정시한 저·신대현 번역, 2005, 산중일기, 도서출판 혜안.

· 조두진, 2013, 산 대왕을 품다, 밝은사람들.

· 조명래, 2013, 팔공산 제천단의 위치와 봉명에 대한 조사보고서, 팔공산연구소.

- 조선사연구회, 2002a, 조선시대 대구 사람들의 삶, 계명대학교출판부.
- 조선사연구회, 2002b, 조선시대 대구의 모습, 계명대학교출판부.
- 조선왕조실록CD-ROM간행위원회, 1995.
- 조선총독부, 1918, 1/50,000 지형도, 육지측량부.
- 조우영, 2002, "대구분지 북부 팔공산지역의 지질에 따른 지형발달의 특성", 경희대학교 대학원 석사학위논문.
- 차성호, 1997, 달구벌 문화 그 원류를 찾아서 : 대구광역시 달성군편 · Ⅱ, 도서출판 그루.
- 카와이 아사오 저 · 손필현 역(대구중구문화원), 1998, 대구이야기(大邱物語), 동화인쇄사.
- 하종성, 2008, 역사 속의 달구벌을 찾아서, 삼일출판사.
- 한국문화유산답사회, 1998, 답사여행의 길잡이 8 · 팔공산 자락, 도서출판 돌베개.
- 한국수자원공사 홈페이지(http://www.kwater.or.kr)
- 홍종흠, 2001, 대구의 앞산, 대구광역시남구문화원.
- 황보규태, 2000, 팔공산영고, 태양인쇄소.

■고문헌
- 경상도지리지, 경상도속찬지리지, 고려사, 교남지, 금암초당기, 대구읍지, 대동수경, 대동지지
- 동사강목, 사가집, 삼국사기, 삼국유사, 세종실록지리지, 신증동국여지승람, 여지도서
- 조선왕조실록, 증보문헌비고

■고지도
- 경주도회(좌통지도), 광여도, 달성도, 대동여지도, 동국지도, 여지도, 좌해분도, 지승, 팔도여지지도, 해동지도